U0426874

湖北省地震灾害风险普查成果丛书

湖北省地震构造特征

HUBEI SHENG DIZHEN GOUZAO TEZHENG

乔岳强　杨　钢　汤　勇　等编著

中国地质大学出版社
ZHONGGUO DIZHI DAXUE CHUBANSHE

图书在版编目(CIP)数据

湖北省地震构造特征/乔岳强等编著. —武汉:中国地质大学出版社,2024.7. —(湖北省地震灾害风险普查成果丛书). —ISBN 978-7-5625-5920-7

Ⅰ.P316.263

中国国家版本馆CIP数据核字第2024958W88号

湖北省地震构造特征		乔岳强 杨 钢 汤 勇 等编著	
责任编辑:周 豪	选题策划:周 豪	责任校对:张咏梅	
出版发行:中国地质大学出版社(武汉市洪山区鲁磨路388号)		邮政编码:430074	
电 话:(027)67883511	传 真:(027)67883580	E-mail:cbb @ cug.edu.cn	
经 销:全国新华书店		http://cugp.cug.edu.cn	
开本:787mm×1092mm 1/16		字数:343千字	印张:13.5
版次:2024年7月第1版		印次:2024年7月第1次印刷	
印刷:湖北睿智印务有限公司			
ISBN 978-7-5625-5920-7		定价:78.00元	

如有印装质量问题请与印刷厂联系调换

《湖北省地震构造特征》

编委会

主　　任：刘红桂

副 主 任：刘　敏

顾　　问：晁洪太

成　　员：吴志高　陈　军　李　恒

主　　编：乔岳强

副 主 编：杨　钢　汤　勇

编纂人员：蔡永建　胡　庆　缪卫东　董文钦
　　　　　孔宇阳　郭纪盛　查雁鸿

序

  湖北省位于中国中部，地处长江中游地区。在大地构造位置上，湖北省跨越了秦岭褶皱系与扬子准地台两个大地构造单元，以青峰-襄樊-广济断裂带为界，北侧为秦岭褶皱系，南侧为扬子准地台。秦岭褶皱系是中央造山带的组成部分，属于强烈变形构造单元，而扬子准地台则属于相对稳定的构造单元。湖北省内发育60多条第四纪以来活动的断裂，主要为北西向和北东向断裂组，包括襄樊-广济断裂带、郯庐断裂南段、青峰断裂、安康-房县断裂、麻城-团风断裂、沙湖-湘阴断裂和黔江断裂等，这些断裂控制了湖北省地震活动空间分布的基本格局。

  自公元前143年有地震记载以来，湖北省内共发生破坏性地震30余次，其中6级以上地震3次。这些地震基本沿前述主干断裂分布，一些断裂上小震密集成带和成丛。此外，湖北省水库诱发地震灾害较多。中强地震主要发生在鄂东北、鄂西北和江汉盆地边缘，小震多发生在安陆—应城一带、远安—荆门一带和丹江口水库周围。湖北省内地震具有震源浅、易造成破坏的特点，对于人口众多、经济发达的湖北，尤其应该注重研究。

  近20年以来，湖北省地震局及相关单位在本区开展了大量地震地质调查、地球物理勘探等工作，积累了丰富的地震地质成果。借助于第一次全国自然灾害综合风险普查——湖北省地震灾害风险普查工作的开展，研究组完成了"湖北省地震构造图（1∶25万）"的编制。

  《湖北省地震构造特征》一书汇集了湖北省最新的地震地质研究成果，能为湖北省的地震风险评估和地震应急准备提供重要的技术支持，对湖北省防震减灾工作具有重要意义。

2024年7月

前 言

湖北省地处中国中部地区,简称鄂,有"九省通衢"之誉,位于长江经济带中部,是我国人口、交通和经济大省,省内有三峡水利枢纽、南水北调中线、西气东输和沿江高铁等重大工程和生命线工程。历史震例及震害表明,在中国东部地区,一次中等地震($5 \leqslant M < 7$ 的地震)都会造成巨大的经济损失和社会影响,如 2013 年湖北巴东 $M5.1$ 级地震,2014 年湖北秭归 $M4.5$、$M4.9$ 级地震和 2019 年湖北应城 $M4.9$ 级,均造成了重大的经济损失和社会影响。全省自有历史地震记载以来,共发生过 41 次破坏性地震,省内最大地震为公元 788 年的房县 $M6$ 级地震。国内外的地震科学界普遍认为,地震的发生是由岩石圈内的各种动力作用引起的,地震活动与地质构造密切相关,而破坏性地震,尤其是大地震是断裂构造活动的结果。"湖北省地震构造图(1∶25 万)"能够为研究湖北省及邻区的地震构造和地壳精细结构,厘清地震活动与断裂构造及地球物理场之间的关系,探索湖北省地震活动规律和孕震发震机制,预测未来可能发生的强烈地震提供科学依据。

2020—2022 年,湖北省地震局开展了第一次全国自然灾害综合风险普查——湖北省地震灾害风险普查工作。地震灾害风险普查工作的主要内容包括:主要地震灾害致灾调查与评估、重点隐患排查和地震灾害风险评估与区划。本次普查工作全面获取了湖北省主要断裂几何展布、活动性参数、断裂发震能力、重点灾害隐患调查数据和地震灾害防治系列区划图等成果。本书为湖北省地震灾害风险普查工作成果丛书之一。

根据《湖北省地震灾害风险普查实施方案》,编制"湖北省地震构造图(1∶25 万)"是湖北省地震灾害风险普查项目的重要组成部分。该项目在收集、整理湖北省及邻区 1∶20 万、1∶25 万比例尺地质图及说明书、地质矿产部门的地质调查结果和已开展的断层探测专题报告、重大工程场地地震安全性评价报告等基础上,分析了湖北省主要断裂的发育状况和断裂的纵横向变化特点,获得了湖北省主要活动断裂的空间几何展布和活动性参数,评定了断层的发震能力。

本书以已有的地震地质、工程地震、水文地质、地球物理、第四纪地貌等资料为主,从宏观上对湖北地区大地构造环境、地形地貌、新构造运动、第四纪盆地进行了分类描述,对湖北省内的主要断裂带,尤其是对活动断裂和早中更新世断裂的展布和活动性等断裂特征进行了阐述,同时对湖北地区中强地震震例及发震构造进行了分析。书中附有湖北省破坏性地震目录(788 年至 2022 年,$M \geqslant 4.7$)。

本书可为各级领导和专业技术人员了解湖北省大地构造环境、地震构造环境、地震活动水平和主要断裂与地震活动的关系提供基础依据，为湖北省开展防震减灾工作和最大限度地减轻地震灾害造成的人员伤亡和财产损失提供技术支撑。

《湖北省地震构造特征》一书在编撰过程中，始终受到湖北省地震局领导及有关部门的支持，在此表示衷心的感谢！在编写过程中，本书参考和使用了湖北省地震局在"十一五"以来在地震构造探测、重大工程场地地震安全性评价等项目中取得的最新成果资料。同时，本书参考了中国地震局地质研究所、湖北省地质调查院、中国地质大学（武汉）等单位取得的研究成果，在此一并表示感谢！

编著者

2024 年 4 月

目 录

第一章 湖北省地震构造环境概述

第一节 大地构造分区 ·············(1)
一、秦岭褶皱系 ·············(2)
二、扬子准地台 ·············(2)

第二节 地球物理场特征 ·············(4)
一、区域重力场特征 ·············(4)
二、区域航磁特征 ·············(5)
三、区域地壳结构特征 ·············(7)
四、区域地球物理场与地震的关系 ·············(8)

第三节 新构造运动特征 ·············(9)
一、地貌的基本特征 ·············(9)
二、新构造运动类型 ·············(14)
三、新构造运动特点 ·············(15)
四、新构造单元划分 ·············(16)
五、新构造运动与地震的关系 ·············(19)

第二章 湖北省主要断裂活动特征

第一节 北东向断裂 ·············(20)
一、堵河断裂(F_7) ·············(20)
二、新华-水田坝断裂(F_{12}) ·············(22)
三、高桥断裂(F_{13}) ·············(23)
四、周家山断裂(F_{14}) ·············(24)
五、建始断裂(F_{17}) ·············(25)
六、七曜山断裂(F_{18}) ·············(26)
七、忠路断裂(F_{19}) ·············(28)

八、黔江断裂(F_{20}) ……………………………………………………………………（33）

九、恩施断裂(F_{21}) ……………………………………………………………………（34）

十、莲花池断裂(F_{22}) …………………………………………………………………（36）

十一、咸丰断裂(F_{23}) …………………………………………………………………（38）

十二、来凤西断裂(F_{24}) ………………………………………………………………（41）

十三、新场-古老背断裂(F_{27}) ………………………………………………………（43）

十四、枝江断裂(F_{28}) …………………………………………………………………（44）

十五、万城断裂(F_{29}) …………………………………………………………………（47）

十六、太阳山断裂(F_{30}) ………………………………………………………………（49）

十七、渔洋关断裂(F_{33}) ………………………………………………………………（51）

十八、九畹溪断裂(F_{35}) ………………………………………………………………（53）

十九、通海口断裂(F_{38}) ………………………………………………………………（56）

二十、潜北断裂(F_{41}) …………………………………………………………………（57）

二十一、大悟断裂(F_{45}) ………………………………………………………………（58）

二十二、刘隔断裂(F_{48}) ………………………………………………………………（59）

二十三、金口-谌家矶断裂(F_{50}) ……………………………………………………（60）

二十四、赤壁-咸安断裂(F_{52}) ………………………………………………………（65）

二十五、崇阳-新宁断裂(F_{53}) ………………………………………………………（67）

二十六、塘口(-白沙岭)断裂(F_{54}) …………………………………………………（69）

二十七、郯庐断裂带(F_{57}) ……………………………………………………………（71）

二十八、巴河断裂(F_{58}) ………………………………………………………………（72）

二十九、霍山-罗田断裂(F_{59}) ………………………………………………………（73）

三十、麻城-团风断裂(F_{60}) …………………………………………………………（76）

三十一、沙湖-湘阴断裂(F_{61}) ………………………………………………………（80）

三十二、官山河断裂(F_{63}) ……………………………………………………………（81）

第二节 北西向断裂 ………………………………………………………………………（82）

一、淅川断裂(F_1) ………………………………………………………………………（82）

二、两郧断裂(F_2) ………………………………………………………………………（82）

三、金家棚断裂(F_4) ……………………………………………………………………（84）

四、白河-谷城断裂(F_5) ………………………………………………………………（88）

五、安康-房县断裂(F_6) ………………………………………………………………（92）

六、板桥断裂(F_{11}) ……………………………………………………………………（94）

七、天阳坪断裂(F_{25}) …………………………………………………………………（97）

八、公安-监利断裂(F_{26}) ……………………………………………………………(105)
　　九、半月寺-洪湖断裂(F_{32}) …………………………………………………………(108)
　　十、仙女山断裂带(F_{34}) ………………………………………………………………(109)
　　十一、雾渡河断裂(F_{36}) ………………………………………………………………(115)
　　十二、远安断裂带(F_{37}) ………………………………………………………………(116)
　　十三、胡集-沙洋断裂(F_{39}) …………………………………………………………(118)
　　十四、南漳-荆门断裂(F_{40}) …………………………………………………………(123)
　　十五、皂市断裂(F_{42}) …………………………………………………………………(124)
　　十六、襄樊-广济断裂带(F_{43}) ………………………………………………………(125)
　　十七、青山口-黄陂断裂(F_{44}) ………………………………………………………(139)
　　十八、长江埠断裂(F_{65}) ………………………………………………………………(144)
　第三节　近东西向断裂 ………………………………………………………………………(145)
　　一、上寺断裂(F_3) ………………………………………………………………………(145)
　　二、青峰断裂(F_9) ………………………………………………………………………(146)
　　三、九道-阳日断裂(F_{10}) ……………………………………………………………(148)
　　四、马鹿池断裂(F_{15}) …………………………………………………………………(150)
　　五、磨坪断裂(F_{16}) ……………………………………………………………………(151)
　　六、澧县-石首断裂(F_{31}) ……………………………………………………………(152)
　　七、信阳-金寨断裂(F_{46}) ……………………………………………………………(152)
　　八、天门河断裂(F_{47}) …………………………………………………………………(154)
　　九、乌龙泉断裂(F_{49}) …………………………………………………………………(154)
　　十、嘉鱼断裂(F_{51}) ……………………………………………………………………(155)
　　十一、阳新断裂(F_{55}) …………………………………………………………………(158)
　　十二、大冶湖断裂(F_{56}) ………………………………………………………………(158)
　　十三、城口-房县断裂(F_{64}) …………………………………………………………(160)
　　十四、竹溪断裂(F_{67}) …………………………………………………………………(160)
　第四节　本章小结 ……………………………………………………………………………(164)

第三章　湖北省地震活动性

　第一节　湖北省破坏性地震 ………………………………………………………………(169)
　第二节　湖北省现代地震 …………………………………………………………………(172)
　第三节　现代构造应力场特征 ……………………………………………………………(172)

一、震源机制解 ……………………………………………………………………………（173）

　　二、地震平均应力场 ………………………………………………………………………（173）

第四章　湖北省及邻区中强地震震例解析

第一节　中强地震震例（省内破坏性地震）………………………………………………（175）

　　一、788 年竹山 6½ 级地震事件 …………………………………………………………（175）

　　二、1856 年咸丰大路坝 6¼ 级地震 ………………………………………………………（179）

　　三、1932 年 4 月 6 日湖北麻城黄土岗 6 级地震 ………………………………………（182）

　　四、1954 年湖北蒲圻（今赤壁）4¾ 级地震 ……………………………………………（183）

　　五、1979 年秭归龙会观 5.1 级地震 ………………………………………………………（185）

　　六、2013 年 12 月 16 日湖北巴东 5.1 级地震 ……………………………………………（187）

　　七、2019 年 12 月 26 日湖北应城 4.9 级地震 ……………………………………………（189）

第二节　中强地震震例（邻区中强地震）…………………………………………………（191）

　　一、1631 年 8 月 14 日常德 6¾ 级地震 …………………………………………………（191）

　　二、1917 年安徽霍山 6¼ 级地震 …………………………………………………………（194）

　　三、2005 年 11 月 26 日九江-瑞昌 5.7 级地震 …………………………………………（196）

第五章　结　语

主要参考文献 ……………………………………………………………………………………（200）

第一章

湖北省地震构造环境概述

第一节 大地构造分区

湖北省地跨秦岭褶皱系与扬子准地台两大构造单元(图1-1-1)。以青峰-襄樊-广济断裂带为界,断裂带北侧为秦岭褶皱系,南侧为扬子准地台。秦岭褶皱系为中央造山带的组成部分,属于强烈变形构造单元,带内发育活动断裂,控制着破坏性地震的发生。扬子准地台属于准稳定大地构造单元,但也有零星破坏性地震沿断裂分布。

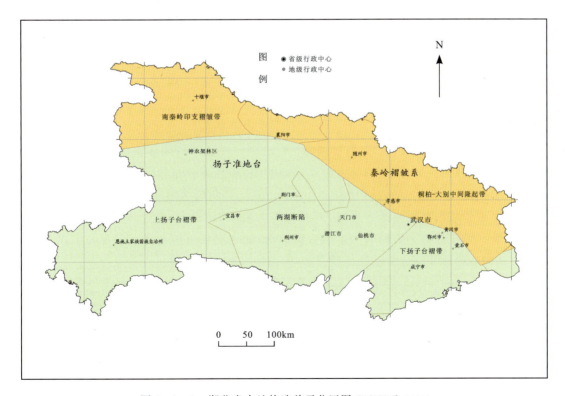

图1-1-1 湖北省大地构造单元分区图(据任继舜,1990)

一、秦岭褶皱系

秦岭褶皱系是一个结构比较复杂的多旋回发展的褶皱系,其东段北西向斜贯湖北省北部。北以秦岭北缘断裂与华北准地台(板块)相接,南以城口-房县-襄樊-广济断裂(广义的襄樊-广济或青峰断裂)与扬子准地台(板块)为邻,是一条近东西向延伸千余千米、结构和构造复杂、多期变形的造山巨链。它源于华北板块、秦岭微板块和扬子板块的拼合、碰撞造山事件。褶皱系的基底由陡岭、牛山、武当和桐柏-大别等复杂变质岩组成,经历过前震旦纪古老基底的增生、拼合,震旦纪至早古生代陆缘海裂谷火山活动和浅海堆积,晚古生代至早中生代海盆闭合和燕山期陆内A型对接4个发展阶段,才形成秦岭-大别造山褶皱系的全貌。地槽褶皱变形的同时,还发育着一系列近东西向的韧性推覆或剪切带,其中在商丹-信阳-舒城缝合带、勉略缝合带和随州三里岗蛇绿岩带等,尚残留有陆、洋壳碰撞俯冲时形成的复杂和多期变质的各类混杂岩、蛇绿岩。根据地槽封闭、褶皱回返的时序和变质、变形及岩浆作用等特点将秦岭褶皱系划分为桐柏-大别中间隆起带和南秦岭印支褶皱带等二级构造单元。

1. 桐柏-大别中间隆起带

本区具有独特的大别式基底。从古生代至中生代早期,它一直是扬子和中朝克拉通之间秦岭海中类岛弧构造。中生代,随着扬子与华北两大板块的聚敛、碰撞,本区发生了两次重要构造事件,形成了印支—燕山期桐柏-大别断隆变形带,酸性岩浆侵入强烈,北北东向麻城-团风断裂将本区分割为东、西两个块体。晚中生代—新生代,本单元以断块差异运动为主,边缘地段因伸展运动形成断陷盆地,并伴有玄武岩浆侵入与喷溢,其东半区东大别次级断块周缘和北东向对角线方向上分布有一系列中等地震($4\frac{3}{4} \leqslant M \leqslant 6\frac{1}{4}$)。

2. 南秦岭印支褶皱带

山阳-内乡断裂带以南、城口-襄樊断裂带以北的广阔地带均属该构造单元,褶皱带由牛山、武当等前震旦纪优地槽堆积,早古生代南部裂陷,晚古生代至早中生代冒地槽堆积等多期演化发育而成。南部在早古生代晚期曾抬升成陆,但前陆褶皱造山是在印支期完成的。晚中生代又遭受陆内造山变形的影响,形成总体由北向南的复式背斜、向斜和断裂构造,变形极为复杂。新生代以来沿断裂的走(逆)滑活动,使之局部地段产生一系列拉分盆地或挤压盆地,新构造变形和构造活动性比较强烈,但各地有较大的差异。

二、扬子准地台

湖北省位于扬子准地台的南部,以城口-房县-襄樊-广济断裂与秦岭-大别造山褶皱系分界。地台基底由川中式崆岭群、神农架群和杨坡群以及江南式板溪群前震旦纪变质岩组成。盖层发育良好,下构造层为震旦系至志留系;上构造层为泥盆系至中三叠统,部分地区缺失泥盆系至下石炭统。印支运动的影响遍布全区,但表现不一。印支运动时扬子准地台

（板块）向北汇聚，强烈变形出现在北部台缘地区，台内则以坳陷为特征。晚三叠世时海相沉积结束，相继在一些坳陷盆地内堆积了晚三叠世—侏罗纪陆相含煤碎屑岩，而在许多断陷盆地内发育红色沉积建造和含油及蒸发岩建造。燕山运动使板内盖层普遍变形，形成不同的褶皱带和断裂系统。总体来看，台缘和台内先存基底断裂发育地区，地层变形相对强烈。晚白垩世至第四纪，主要沿北北西向和北东向断裂呈现断陷盆地复活，堆积了厚度不等的河湖相碎屑岩和蒸发岩，经历新构造运动的影响和多期变形，开始形成现今的构造-地貌景观。

扬子准地台进一步可划分为上扬子台褶带、两湖断陷和下扬子台褶带3个二级构造单元。

1. 上扬子台褶带

该构造单元位于江汉盆地以西的鄂西、鄂西南和湘西北等地，咸丰—鹤峰以北基底由川中式崆岭群和神农架群组成，以南为江南式冷家溪群-板溪群基底。盖层发育同前述，总厚达10 000m，白垩系主要分布于断陷盆地内。该构造单元的盖层褶皱变形和大部分断裂活动始于印支期，定型于燕山运动第Ⅱ幕。扬子准地台向北聚合，并俯冲于南秦岭之下，致使地台台坪上的盖层显著去耦滑脱，强烈褶皱，并且褶皱与断裂几乎同等发育。晚中生代以来，上扬子台坪褶皱变形带转变为间歇性北北东走向隆起。该构造单元北缘的台缘褶断带成生于印支期，燕山期亦强烈活动，形成一系列向南倒转的密集的褶皱、断裂结构，呈叠瓦状排列，总体构成向南西凸出的弧形台缘褶断带。它与南秦岭断隆褶皱带南缘的北大巴山弧形褶断束组成一对板缘褶皱带。晚中生代以来，南大巴山台缘褶断带呈现强烈带状隆升，发育强烈侵蚀切割的低中山—中山地形，没有第四纪断陷盆地发育，仅有零星新近纪山间盆地发育，如保康马桥上新世山间断陷盆地。

2. 两湖断陷

两湖断陷是叠置在扬子准地台元古宇基底和震旦系—侏罗系盖层褶皱之上，从白垩纪开始发育的前陆盆地。盆地底垫层（基底）结构复杂，北西西向、北北西向、近东西向、北东向和北东东向断裂组合，形成不同等级的断块结构。根据该断坳的构造和演化进程的差异，还可以分成江汉断陷、洞庭断陷和华容断隆3个三级构造单元。

早白垩世初，江汉断陷的同沉积区域主要位于东、西两侧，最厚达1600m。晚白垩世始，断陷演化进程发生重大改变。江汉断陷急剧扩张，导致古北北西向和北西西向断裂在深部减压，地幔物质沿断裂喷溢，形成多个扩张中心，最大者位于江陵一带。同沉积厚度资料和52Ma及46.5Ma两期玄武岩同位素年龄测定数据表明，这种扩张在中始新世潜江期堆积时曾达到鼎盛。晚始新世时，断陷盆地开始退缩，整个江汉断陷的堆积厚度超过6500m。洞庭断陷隔华容断隆与江汉断陷相对，呈北东向相间排布的盆、岭结构，沉积范围较大，堆积厚度最大达4700m，除早期以澧县廊道与江汉断陷沟通外，两者长期处于彼此分割的孤立状态。

古近纪末或新近纪初（时限30～24Ma），整个断陷盆地经历了一次较重要变形，表现为：晚白垩世—古近纪盆地消亡，火山活动停息，盆缘推覆褶冲带再度盆内推掩，局部推覆于红层之上,地层(含玄武岩)褶皱变形、破裂,北东向断裂普遍切割北西向、北西西向构造。

新近纪盆地是在前期高差悬殊的剥蚀面上发育而成的。江汉断陷盆地的沉积中心分别位于潜江浩口至熊口和江陵岑河一带,最大厚度为1000m,沉积速率平均为0.1mm/a,深湖槽呈北西向、北北西向;而洞庭断陷盆地则在同期处于隆起剥蚀状态。新近纪末,随着周围山地的抬升,盆地封闭,轻微变形,进入剥蚀准平原化发展阶段。江汉断陷盆地第四系,总体是在近东西向坳(断)陷的背景下,由若干北西向次级坳槽组成,堆积了最大厚度300m的河湖相碎屑岩;洞庭断陷盆地的第四系主要分布在前第四纪的断坳槽内,如沅江、湘阴、常德和澧县等地,最厚达320m。

总之,江汉-洞庭断陷是区内第四纪以来活动强度相对较大的构造单元,历史上曾记录12次中强地震,最大为1631年常德6¾级地震。

3. 下扬子台褶带

下扬子台褶带南邻江南断隆,西部与两湖断陷相连,其主体是发育在扬子准地台南缘、江南元古宇基底(江南地轴)以北震旦纪至早中生代的一个狭长的裂陷槽,堆积了地台型海相碳酸盐岩、碎屑岩系,累计沉积厚度超过10 000m。印支/燕山运动使盖层全面褶皱隆起,形成北东东向或近东西向的复式褶皱带,同时伴有较强烈的岩浆侵位活动。晚白垩世,局部地段沿北东东向和北北东向区域断裂,产生伸展活动,形成一系列规模不等的断陷(坳)盆地,堆积了厚度不等的晚白垩世至古近纪河湖相碎屑岩,部分地区沿断裂带出现中性或基性火山活动。新近纪,该构造单元以继承性断块差异活动或坳陷差异活动为主;皖中、赣北相对较强,江夏至黄石近东西向构造带次之,低频度中等地震活动的总格局与此一致。第四纪,下扬子台褶带总体以断块式垂直差异活动为特征,构造运动的强度相对较弱,仅在局部地段发生过较小的中强地震。

第二节 地球物理场特征

地球物理场是地壳和上地幔物质组成、结构构造、热力和应力场状态等的综合反映。因此,研究分析地球物理场的特征可以了解和揭示地壳、上地幔的物质组成和结构构造特征,确定其与强震之间的关系。

一、区域重力场特征

布格重力异常是由岩石圈内物质密度分布不均匀引起的,是地球各地质时代构造演化所形成的构造形迹相互叠加之后的综合反映,但主要是反映新构造运动以来的岩石圈物质密度分布格局。湖北省深部布格重力异常如图1-2-1所示,具有如下特征。

(1)中国东部布格重力梯级带纵贯湖北省西部广大地区,不仅规模大,而且连续性较好。该带由陕西白河、河南淅川进入湖北,宽100～120km、走向北北西、异常值(-80～-20)×

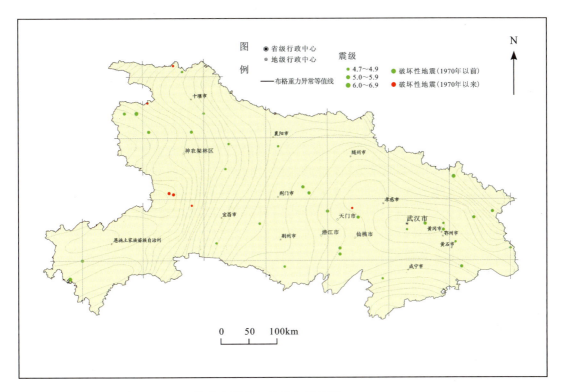

图 1-2-1　湖北省深部布格重力异常图(据中国地震局,2006)

$10^{-8}\,\mathrm{m/s^2}$,水平布格梯度约 $0.5\times10^{-8}\,\mathrm{m/s^2}$;后以近南北向延至神农架—南漳一带,宽度收缩至 60~70km,异常值 $(-85\sim-20)\times10^{-8}\,\mathrm{m/s^2}$,水平布格梯度 $(0.9\sim1.0)\times10^{-8}\,\mathrm{m/s^2}$;出宜都—五峰之后,梯级带走向转为北北东,并呈帚状撒开,水平梯度降至 $(0.2\sim0.8)\times10^{-8}\,\mathrm{m/s^2}$,梯级带延伸方向和宽度与地表形态、下地壳陡坡带基本吻合。

(2)秭归—恩施—利川地区为低负异常区,重力等值线稀疏,呈北东东走向,异常值 $(-95\sim-75)\times10^{-8}\,\mathrm{m/s^2}$。它与地表构造形态、浅部物质特性基本一致。

(3)中国东部重力梯级带以东的襄枣盆地和江汉-洞庭盆地西侧地带,重力等值线较稀,南端呈北北东向展布,过随州市后转为北东东走向进入河南省境内。南段可能与盆地基底构造一致,北段与地表桐柏山脉相对应。

(4)武汉、黄冈、孝感、仙桃等地为大面积重力高,等值线呈封闭状态、轴向近东西向(外侧为北西西向),异常值 $(-10\sim5)\times10^{-8}\,\mathrm{m/s^2}$。它与深部重力场均衡异常对应较好,也与地幔上隆情况基本一致。其东南侧重力等值线总体是北北东向,北端等值线呈东西向展布,异常值 $(-30\sim-10)\times10^{-8}\,\mathrm{m/s^2}$,与地表九宫山—幕阜山走向一致,主要反映浅层构造和物质特点。

二、区域航磁特征

航空磁测得到的磁场强度 (T) 与正常磁场向量 (T_0) 的模量差,即为航磁异常 (ΔT)。航磁异常是现今地壳岩石航磁的反映,是岩性、构造,甚至形成时代和演化历史记录的总体体现。

从湖北省航磁化极上延5km的平面图来看,湖北省大致以青峰-襄樊-广济断裂带为界,南、北磁场特征存在明显差别(图1-2-2)。断裂带以北属秦岭褶皱带分布区,西部以北磁场异常轴以北西—北西西向为主,面积大,负异常占优势,局部存在南北向负异常叠加,幅值在-250～-150nT间,反映了地槽区(秦岭-大别造山带)变质岩为普遍磁性较强且规模较小的基性、超基性岩,且多为顺层侵入;南襄盆地及其西部山区为过渡带,呈正、负异常相间排布的磁异常特点;南襄盆地以东和伏牛山地区,则表现为北西西向正异常特征,幅值在0～40nT之间变化;大别山地区为高正异常区,等值线总体呈北西向展布,其中含4个高异常带,幅值在50～250nT之间。断裂带以南为扬子准地台,航磁异常相对平缓,表明地台区上覆沉积盖层无磁性,磁异常仅由磁性基底及深成侵入岩引起;自西而东排布4个磁力异常区(带),除镇平-巫山正异常区外,其他3个异常区(带)都在湖北省境内。

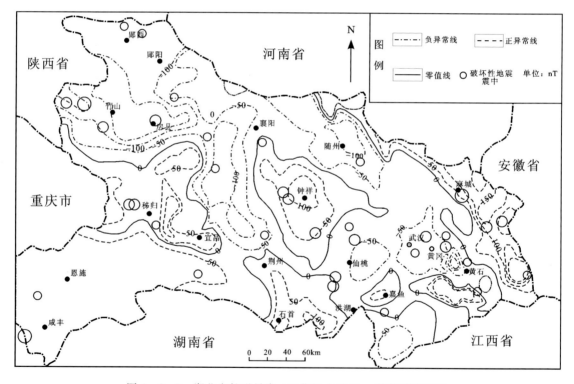

图1-2-2 湖北省航磁异常 ΔT 化极上延5km等值线平面图
(据潘玉青,2005;梁学堂,2007,等资料修改)

(1)黄陵正磁异常区分布于秭归东侧黄陵地区,由两个轴向北北东向、北东向异常叠加组成,幅值达150nT。

(2)远安负磁异常区位于当阳、远安—谷城一带。远安以南异常轴呈北北西向,以北呈北北东向,总体近南北向展布,最大异常幅值约-100nT。

(3)钟祥正磁异常区分布在钟祥—京山一带,轴向总体呈北西向,钟祥东北部的最大异常幅值为150nT,西南较低。

此外,还有马良、均县、石首、通山、鄂州正磁异常区,它们的规模也较大,轴向北东东向、近东西向、北北西向均有,最大异常幅值达200nT。

房县中—新生代盆地为较大面积负异常区,异常幅值－250～－50nT。

正、负异常轴一般与山体延伸方向特别是大断裂带走向(或基性岩脉走向)一致。磁场空间分布与其所反映的地壳(块体)构造环境基本对应,即重力低异常区出现正磁异常,如黄陵、大别山、武当山、幕阜山等,表明深部地壳—上地幔相对下陷,结晶基底隆起;重力高异常区出现负磁异常,如房县盆地、江汉-洞庭盆地(大部分)、秭归盆地和沿长江地带等,表明深部地壳—上地幔相对隆起,结晶基底深埋。

三、区域地壳结构特征

莫霍面是地壳与上地幔间的界面,是地壳深部构造研究的主要对象。以湖北省两条地震剖面已知深度为基础,利用布格重力异常,采取二维富氏变换方法反演编制湖北莫霍面等深度图(图1-2-3),可以概略地反映湖北省区域深层构造的基本面貌。

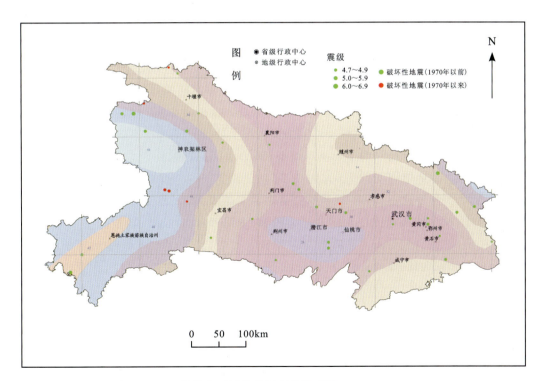

图1-2-3 湖北省区域地壳厚度等值面图(据中国地震局,2006)

从图1-2-3可以看出,湖北省地壳横向不均一性明显,地壳厚度变化总趋势是自东向西显示台阶式变厚。莫霍面的起伏与现今构造地貌成镜像对应,总体构成北北东向、北西

(东西)向交叠、干扰的块状复合构造图案。

根据莫霍面等深度图,湖北省深部构造的特点是太行-武陵深层构造变异带斜贯湖北省中部,且将湖北省深层构造划分为西部幔坪区和东部幔坪区。

太行-武陵深层构造变异带在中国深层构造图上极为醒目,呈北北东向,斜切秦岭褶皱系和扬子准地台,宽50~60km。它最显著的特点包括:具有较大的重力梯度,莫霍面深度为34~39km,最大变化率每千米向西加厚0.14km,反映莫霍面向西陡倾拗折的特点,可能有隐伏断裂存在,武陵断裂系与其有内在成因联系;对中、新生代地层两侧构造运动方式和构造分异有控制作用,西部以缓慢隆升为特征,东部以断陷沉降为特征;主要断陷盆地及岩浆活动皆局限在深层构造变异带以东,而且也是湖北省近代地貌的重要分界。值得指出的是,沿该深层构造变异带附近,在河南、湖北、贵州、广西等省(自治区)陆续发现金伯利岩,因此,它是寻找金刚石矿床值得重视的战略地带。

西部幔坪区分布于湖北省鄂西山地,并由次级城口幔陷、恩施幔隆、咸丰幔陷组成,莫霍面深度为40~42km。幔陷与大巴山台缘褶带、上扬子台褶带走向基本一致。

东部幔坪区由北西向或东西向的桐柏-大别幔陷、武汉幔隆和幕阜幔陷组成。武汉幔隆是湖北省薄壳区,地壳最小厚度30.5km,南、北以地幔斜坡形式与幔陷过渡。桐柏-大别幔陷呈北西向,地壳厚32.5~34.5km,北为北淮阳地幔斜坡。它与陕西秦岭幔陷一样,可能是印支褶皱系的残存山根的反映,地貌上呈隆起特点。幕阜幔陷呈东西向,与幕阜褶皱山地对应,地壳厚32~33.5km。

结合邻区深部构造及中—新生代盆地、岩浆岩分布特点分析,湖北省东部幔坪区在纵向上明显受北北东向潢川-江汉-洞庭幔隆带、大别-幕阜-萍乡幔陷带的干扰和影响,这种影响形成我国东部北北东向第二隆起带及相伴的沉降带。在两种不同方向的幔隆交叠区,盆地发育最完善(如江汉盆地)。北北东向幔陷带是岩浆主要活动场所。从湖北省中—新生代岩浆岩活动特点看,在幔隆范围内主要是同熔型(鄂冶地区)或幔源型(江汉地区)岩浆岩分布区,在幔陷范围内为重熔型花岗岩(大别山、幕阜山地区)。地幔斜坡带不仅控制了断陷槽地,而且岩浆活动较为复杂,同熔型、重熔型岩浆岩可重叠共生(黄梅地区)。

综上所述,湖北省现今深层构造的基本轮廓,是印支运动以来,特别是燕山运动以来,滨太平洋构造域的壳幔运动对前期深层构造继承改造,以及老的深层构造在新的构造条件下产生变革的综合反映。因此,它与大地构造单元间没有必然的成因联系。但这种壳幔结构对湖北省中生代以来的沉积建造、岩浆活动、构造形变和成矿作用具有重要的控制作用和影响。

四、区域地球物理场与地震的关系

从区域内的中强地震空间分布看,航磁异常、重力异常和地壳结构,与地震活动具有一定的相关性。区域内多数中强地震发生在中、上地壳内,一般在10~22km范围,少数地震发生在上、下地壳内或下地壳的顶部附近,这些部位可能与中、上地壳之间的界面滑动形成的应变层或层间低速高导层的突变有关。

(1) 布格重力异常梯级带及边缘地带，不同方向异常带的交会部位多是强震发生的地区。如安徽霍山1652年6级地震、1917年6¼级地震。

(2) 莫霍面斜坡带或转折部位，莫霍面隆起或下凹的边缘地带多是强震发生的地区，如安徽霍山1652年6级地震、1917年6¼级地震，1932年麻城6级地震。

(3) 航磁异常密集处、正负异常交接处或等值线拐弯部位等多是强震发生的地区，如安徽霍山1652年6级地震、1917年6¼级地震。

第三节　新构造运动特征

第四纪构造运动、现代构造运动是新构造运动的延续和发展，因此，分析湖北省内的新构造运动，特别是自第四纪以来的构造运动的形迹、类型、特点和活动水平，可以为湖北省的地震活动研究提供依据。

一、地貌的基本特征

湖北省位于我国地貌第二级阶梯的东部边缘，具有多层环状分带性特征(图1-3-1)。地貌类型复杂多样，根据海拔高度、形态特征，可分为中山、低山、丘陵、台地及平原5种基本类型。省内地势大致是三面高、中部低、向南开敞的不完整盆地。鄂西北、鄂西、鄂西南总称鄂西山地，大部分是高程在800m以上的山地。鄂北、鄂东为低山丘陵区，大部分高程在500m左右，个别主峰超过1000m。中南部为江汉平原，地面高程在50m以下，从西北向东南呈微缓倾斜状。全省山地、丘陵面积约占总面积的70%，平原约占23%，河湖的水面积约占7%。

鄂西北山地，由秦岭东延部分与武当山组成，主要为构造侵蚀剥蚀中、低山。汉江以北和丹江以西为秦岭东延部分，由古生代变质岩系组成北西向中、低山，高程一般在1000m左右。汉江以南与堵河之间，由元古宇变质岩系组成武当山地，沟谷深切，山峰重重，高程一般在1000m以上。沿汉江两岸主要为低山丘陵，河谷地带峡谷与盆地交替出现。

鄂西(狭义的)山地，由大巴山、荆山组成，为以构造侵蚀溶蚀中山为主的中、低山区，由古生代—中生代沉积岩构成，为省内长江与汉江分水岭。大巴山东段，山体走向大致呈东西向，高程多在1000m之上，号称"华中第一峰"——神农架主峰高程3105.4m；荆山呈北西向展布于南漳、保康一带，高程一般在500~1500m之间，高峰达1500m以上。南部为巫山、黄陵等山地，走向北北东，高程一般在500~1500m之间。长江横贯其间，形成著名的三峡，省内为其东段。

鄂西南山地，由北东-南西向展布的巫山、武陵山、大娄山余脉组成，为由古生代—中生代碳酸盐岩构成的构造侵蚀溶蚀山地。高程多在1000~1500m之间，有少数达2000m以上的高峰。山地顶部宽阔平坦，有多级剥夷面发育，具高原山地的特征，清江展布其间。区内广布碳酸盐岩地层，岩溶地貌相当发育。

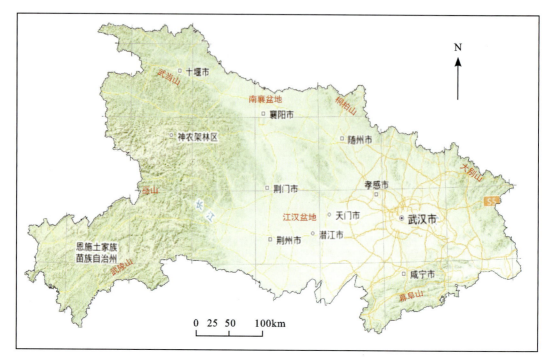

图 1-3-1　湖北省地貌图（据湖北省地质局，2021）

鄂东北山地由变质岩、岩浆岩构成走向北西的桐柏山、大别山、大洪山（属鄂中山地）侵蚀剥蚀低山丘陵地貌。大洪山由古生代碳酸盐岩、砂页岩组成。桐柏山、大别山体长期处于隆起剥蚀，强烈切割破坏。山地高峰达1140m，自北东向南西渐降至200～500m丘陵区，其间发育一系列大体平行的水系注入汉江或长江，下游往往形成带状冲积平原。大洪山主峰高程1056m，大部分为500m以下的丘陵。

鄂东南山地由碳酸盐岩、砂页岩及岩浆岩构成走向北东东的幕阜山、九宫山剥蚀侵蚀、侵蚀溶蚀低山丘陵，高程一般在1000m左右，主峰在1500m以上，由南向北渐变为500～700m的低山与500m以下的丘陵。山地由碳酸盐岩组成，岩溶地貌有所发育。

南襄盆地南部的老河口、襄阳及枣阳等地区，由中—上更新统（Qp_{2-3}）黏性土类构成剥蚀岗状平原，经长期片流剥蚀作用，形成由北向南平缓微倾的垄岗地貌，比高变化很小。流经区内的汉江两岸和唐白河下游形成冲积平原。

江汉平原是由长江多次泛滥和汉江三角洲不断延伸和淤积而成的湖积、冲积平原。平原中部地面低平，河网交织，湖泊密布，河流比降和缓，河道曲折，河面宽阔，沙洲众多。平原边缘为阶地和丘陵地带。平原北部有汉江夹道谷地与南襄盆地相连。

上述各个地区多种多样的地貌景观和各具特色的地貌结构，是在内、外营力综合作用下，经长期地貌发展过程而逐渐形成的。

1. 地貌分区

湖北省内目前的大型地貌是新构造运动期以来地球内、外营力长期联合作用的结果，可分为中山区、低山区、丘陵垄岗区和平原区等地貌类型。

鄂西山区以中山为主,岭脊高程一般在1000m以上,神农顶达3105m。该区北部属南秦岭、大巴山余脉,南部由巫山、八面山和武陵山余脉组成。由东至西岭、谷相间排列,一般高差700～1000m,局部可达2000m以上。群山叠嶂、河谷幽深是该区地壳不断隆起和流水强烈侵蚀的结果。

鄂北丘陵垄岗区,大部分海拔为100～200m,被坳谷和冲沟分割成连绵起伏的岗地和丘陵;南缘为大洪山,主峰高1056m。汉水和涓水谷地位于其中,是鄂东、鄂南地区人们通往豫西、陕南的廊道。

鄂东北为中山、低山、丘陵区,地势整体东北高、西南低。由东北往西南呈中山、低山、丘陵递降,海拔从1729m降至800m,然后再逐级下降至200～100m,形成桐柏山—大别山长达400km的向阳面。该区地形破碎,流水切割较强烈,但分水岭海拔多小于500m,蕲水、涌水、巴河、举水、倒水、漫水、涓水、浪水等均循向阳面发育,并行南下、流入汉江或长江。中下游河道开阔,发育多级河流阶地。

鄂东南山区经过长期构造运动塑造和水流不断侵蚀,已形成典型的平行岭谷地貌景观。地势整体南高北低。幕阜山分布于湘、赣、鄂三省的边界上,平均海拔约1000m,相对高差700～800m;由幕阜山往北为药姑山、大磨山和龙角山,岭脊海拔一般低于800m,相对高差500～600m。山地之间的断槽内为海拔500m以下的丘陵,斜列分布白垩纪—古近纪通城盆地、崇阳盆地、通山盆地、阳新盆地、大冶盆地。北侧江夏—黄石一带分布有侵蚀—堆积的波状平原,由低丘、残丘、垄岗组成隔档式河湖地貌,地面低平,第四系最大厚度小于50m。这一带大型湖泊较多,如梁子湖、东湖、汤逊湖、鲁湖、斧头湖等。

位于上述四山区之间的江汉平原区,为江汉-洞庭盆地的一部分,面积大于40 000km^2。整个地形自西北微向东南倾斜,地面平坦、湖泊众多、河流渠道交错、堤坑纵横,大部分是平原区。平原边缘为海拔50m左右的湖盆阶地和海拔100～200m的低丘,是湖盆向山区的过渡带。山岭、山脊、岗地等是相对的最高点,反映地壳上升的过程和特点。

2. 水系分布特点

湖泊、江河、冲沟等是当地的最低点(线),在一定程度上能反映地壳的差异沉降。湖北省内水系从分布情况看都各具特点。鄂西南地区清江水系上游为树枝状,中游支流平行分布较典型;下游支流少且短,清江河床较平直开阔。鄂西北地区的汉江和其支流堵河在总体上呈树枝状;但汉江流入鄂中断块区之后,河床开阔、河道曲折;江汉平原段河床开阔,具平原区河流所有特点。鄂北和鄂东北地区所有流入汉江和长江的支流,除白河、唐河上游呈树枝状展布外,其余大小支流基本上呈平行状分布,最后流入汉江或长江。鄂东南地区的陆水和富水均呈树枝状展布。江汉平原区内除长江及其一、二级支流外,渠道纵横,是典型的"水乡泽国"。其中分布有大小湖泊1000多个,面积大于100亩(1亩≈666.67m^2)的883个,大于100km^{2}的有洪湖等。

3. 夷平面

湖北省内夷平面比较发育,但高程有较大差别(表1-3-1)。最高一级夷平面为鄂西北地区,鄂西南地区次之,鄂东北、鄂东南、鄂中地区最低,且基本接近。最低一级夷平面的绝对高程十分接近,表明近期江汉盆地四周上升运动的速率趋于一致。

表1-3-1 湖北省山地区夷平面地文期高程简表(据湖北省地质局,2016)   单位:m

湖北西部			湖北中部(大洪山一带)一般高程	湖北东部		
鄂西南和鄂西		鄂西北代表性高程		鄂东南		鄂东北一般高程
代表性高程	定型时代			一般高程	形成时代	
2000~1700(鄂西期)	白垩纪末		1100~950	700~500	白垩纪至新近纪	
1500~1300(台原期)	古近纪末	1499(+)	650~550	400~300		
1200~1000(山原期)	新近纪末至早更新世	1300~1000	470~400	250~200	早更新世	100~90
900~800(山盆期)	早更新世	900~700	300~250	160~100		80~70
700~500(云盆期)	早更新世末	600~300	200~80	80~60		60~50

前两期夷平面形成的时代较早,完整性和存在状态、变形情况因受新构造运动的影响均较差,但仍能反映出它们的面貌。峡谷期形成的夷平面保存得较完好,其倾向随地区而定:三峡地区总体倾向南东,鄂东北地区倾向南西,鄂东南地区由南向北倾,鄂中区因荆山和大洪山原因是东、西两侧高,中间比较低平。夷平面的形迹显示较差,但仍可以看出前者向东(南)倾,后两者向西(北)倾。

4. 河流阶地

河流阶地是地壳块体间歇性运动的结果,在湖北省各山区河谷都有发育(表1-3-2)。江汉-洞庭盆地阶地是盆地边缘断块间歇性上升的结果(表1-3-3)。

清江、长江河谷两侧一般发育有4~6级河流阶地,黄陵地区和消江出口段居多。T_0~T_4级阶地属基座型,分布广,具二元结构;T_5~T_6级阶地多为侵蚀型,分布零星,保存也较差。鄂西北地区的汉江、堵河等主要河流普遍发育4级阶地。鄂东北地区的沛水、清水河、徐家河、㴲水、涓水、举水、巴河、蕲水等河谷也发育有3~4级阶地。T_1级、T_2级阶地多为堆积阶地,T_3级阶地少数是堆积阶地,多数为侵蚀阶地。鄂东南山区的陆水、富水等在山间盆

地段一般 T_1、T_2 级(阶地)为堆积阶地,T_3 级及以上多数为侵蚀型或堆积侵蚀型阶地,相对高程分别为 15~6m、25~8m 和 35~30m。前二者保存较好,后者分布零星。

表 1-3-2　湖北省山区主要河流阶地及其高程简表　　　　　　　　　　　　单位:m

阶地级别	清江 河口段	长江 庙河段	堵河 竹山	汉江 两郧	南河 房县	丹江 丹江	巴河 沙河段	富水 富水	陆水 新龙
T_0	8~10								
T_1	15	20~25	6~10	10±	1.5~3	5~10	5	6~15	5~6
T_2	30~35	35	25~30	10~15	13~37	10~25	13	8~25	7~8
T_3	40~45	30~70	80~90	30~40	50~65	30~35	18	30~35	9~10
T_4	60~70	80~90	120~130	70~80	65~75	60~80	25		20~21
T_5	90±	110~130							30~31
T_6	110~120	150~170							40~50
T_7	140±								
资料来源	谢广林等	杨达源	陈蜀俊	饶扬誉	陈蜀俊	陈蜀俊	湖北省 地震局	湖北省 地震局	黄定华

表 1-3-3　江汉-洞庭盆地周缘湖岸阶地及其高程统计简表　　　　　　　　单位:m

阶地级别	湘江东岸 (湘阴段)	阳逻—倒水段	武汉江南	武汉青山地区	天光山—曹家大山
T_5		70(Qp_2)			65~80(Qp_1)
T_4		33~43(Qp_2)			50~60(Qp_2)
T_3		18~30(Qp_2)	50~60(Qp_2)	36~38(Qp_2)	30~40(Qp_2)
T_2	30~35(Qp_3)	18(Qp_3)	25~50(Qp_3)	60~62(Qp_3)	15~30(Qp_3)
T_1	10~15(Qh)	5~8(Qh)	22~25(Qh)	22~25(Qh)	5~15(Qh)
资料来源	薛宏交等	刘昌茂	刘昌茂	徐瑞瑚	谢广林

阶地齐全而又典型的地区属长江沿岸,各级阶地分布特征如下。

Ⅵ级阶地:主要分布在长江左岸善良冲水库—安福寺—半月山以北和右岸陈二口南面的大山坡,发育于更新世早期,堆积物为卵石、砾石层,后被侵蚀剥蚀残留在残道、残岗之上,阶面高程约170m,相对高度约124m。

Ⅴ级阶地:发育广泛,宜昌—枝江两岸都有分布,属基座型阶地,为更新世早期堆积物,上为棕红色网纹黏土,下为卵石层。左岸分布在紫荆岭—石子岭水库,呈北东向展布,阶地面呈垄岗状,高程120～150m,相对高度103m。右岸在宜昌—洋溪间不发育,仅在老城以西分布。由陈二口向南至松滋王家桥、卷桥水库,高程100～150m,相对高度20～30m。

Ⅳ级阶地:分布面积不大,宜昌—枝江沿江断续分布,属基座型阶地,发育于更新世中期,上为网纹黏土,下为卵石层,组成岗地。左岸在古老背、白洋以北,高程100～120m,相对高度71m。右岸在艾家镇、红花套、宜都等地,高程90～120m,相对高度63～73m。在松滋口以南,松滋河西岸也有零星分布,高程为70m左右。

Ⅲ级阶地:区内分布广泛,宜昌—枝江两岸都有分布,阶地面较平整,向河流缓倾,属堆积阶地,为更新世中晚期堆积物,上为棕红色黏土,下为卵石层。阶地面高程在宜昌附近为80～90m,在古老背为80m,在枝江问安寺为60～70m,在松滋新江口—王家大湖一带为50～70m。汉江两岸Ⅲ级阶地:右岸在康桥大湖—官当镇,高程50～65m;左岸在长滩—钱场,高程40～50m。下游段武汉—黄岗Ⅲ级阶地高程为30～35m。

Ⅱ级阶地:不仅分布于长江两岸,在大小支流也常有分布,沿江河的城市和集镇,如宜昌市、古老背街道、红花套镇、宜都市、枝城镇、枝江市和松滋市城区等都坐落在此级阶地上;阶地面相当平整,前缘有陡坎。堆积物为更新世晚期棕黄色黏土及卵石层。阶地面高程由上游至下游逐渐降低,在宜昌附近为65～75m,古老背、红花套为60～65m,宜都—枝江段为50～60m,荆州为30～50m。在松滋河以西至孟家溪零星分布,高程为30～45m。在汉江流域的左岸,Ⅱ级阶地分布广,石河镇—麻河镇—耳口镇一带高程为22～42m。在低平原周缘和内部埋藏有孤岛状阶地,深度为2～8m。

Ⅰ级阶地:在长江及各支流河床两岸都有分布,上游段台阶显著,阶地面狭窄,下游段阶地面宽阔平坦,并与泛滥平原重合。由全新世松散堆积物组成。阶地高程:宜昌为57～60m,红花套为53～55m,宜都为47～50m,枝江为43m,荆州为30m左右,武汉为20m左右。

二、新构造运动类型

据各地地貌、夷平面、河流阶地、水系分布特点和第四系发育特点等情况分析,湖北省内新构造运动有以下3种类型。

(1)隆升运动。以鄂西山区规模最大、比较典型,且可分出东、西两个隆起带。东、西隆起轴大致位于云雾山—奉节—平溪和火烧坪—神农顶一带。隆起轴两侧夷平面的级数递增、高程递减,并向北西西、南东东方向倾斜;地势依次由(高)中山降为低山、岩溶台塬、丘陵。隆起轴两侧不对称,西侧较陡、东侧较缓。两隆起之间为相对低坳地带,主要由高程1500m(左右)和900～1200m岩溶山原、高原以及高程600～800m岩溶台塬占据,共同组成隆坳相间的波状地貌,反映新构造,特别是自第四纪以来的波状运动。

(2)掀斜运动。鄂西山区的隆升运动对隆起轴东侧而言,具有掀斜运动的性质,各级夷平面和阶地面呈向江汉平原沉降中心倾斜,反映新构造运动以来呈现出自北西西向南东东方向掀斜的特点。如红花套一带高程50m和70m的两阶地面以1°～2°的倾角倾向南东东。冲沟和河流也向南东东方向流去。地层则由中更新统依次递降为上更新统、全新统。同一地层的厚度则向南东东方向增加。中更新世早期形成的阶地，红花套一带相对高程为70m，向东延伸30km后，则降至60m；冲积物的厚度由10m增至20m或以上。

鄂东北和鄂东南地区，新生代以来以掀斜运动为主要特征，如桐柏-大别山断块北部为北西—北西西走向的中山，向南西方向依次递降为低山、丘陵和垄岗；所有江河及其支流由北东流向南西。区内三级夷平面和Ⅱ～Ⅳ级阶地面都是东北侧高、西南侧低，且阶地冲积物的厚度依次增加。

鄂西北山区第四纪以来的构造运动也具有由北向南掀斜的特点。

（3）差异沉降运动。断块差异沉降运动以江汉盆地区最具代表性。该盆地是叠置在推覆变形带上的内陆盆地，白垩纪—古近纪壳不断差异下沉，并在其中堆积了厚7000～10 000m的山麓堆积物和冲积物。早白垩世时沉降中心位于盆地的东、西两侧，其沉积物厚度较大。古近纪末或新近纪初，汉江-洞庭盆地又经历了一次较强的构造运动，使白垩纪—新近纪盆地消亡，盆缘推覆体再次向盆内推掩，局部推覆于红层之上，使地层褶皱变形、北东向断裂强烈活动，切割北西向、北西西向构造。新近纪江汉盆地继续下沉，沉降中心分别迁至潜江浩口、江陵岑河一带，最大沉积厚度达1000m，深湖槽呈北西—北西西向展布。第四系厚度较大的地区位于潜江断凹、江陵断凹和沔阳断凹等，最大下沉幅度和沉积厚度在300m左右，以通海口、曹市一带为最大，盆地边缘最小，仅数十米。中更新世之后，盆地周缘抬升导致整个盆地日渐萎缩，由"汪洋泽国"变成了地面以2°～3°的倾角倾向长江的广阔平原。

三、新构造运动特点

湖北省内新构造运动主要具有如下5个方面的特点。

1. 继承性

湖北省内主要大型地貌形态都是在燕山运动、喜马拉雅运动的基础上发展起来的。鄂西、鄂东南、鄂东北山区在第四纪一直上升；江汉-洞庭盆地坳陷区，在新构造运动时期仍为坳陷区。隆起和坳陷的方式、范围有些变化，但无方向性转变。区内断裂的活动性和活动方式多数与前期相同或相近。

2. 新生性

第四纪构造运动在继承的基础上，也有一些变化和发展。如新近纪时，控制江汉-洞庭盆地的石首-监利断裂重新复活；新近纪以后，盆地外缘推覆体向盆地缓慢、间歇性掀斜；第四纪早期，江汉-洞庭盆地又同步发育成较大的构造盆地；中更新世末期之后，江汉-洞庭盆地逐步萎缩，并在其北缘、西缘和南缘形成了由中更新统组成的岗地；江汉-洞庭盆地第四纪早、中期沉降速率大于新近纪、古近纪的沉降速率，近期转为缓慢上升等。类似情况在鄂西南山区、鄂西北山区、鄂北丘陵—低山区和鄂东北、鄂东南低（中）山—丘陵区也存在，但运动形式、范围和时段存在较大的差别。这些均表明湖北省自第四纪以来的构造运动具有新生性的特点。

3. 间歇性

间歇性主要反映在隆起区层状地貌上,在时间上表现为稳定—上升的多阶段性,在空间上表现为多层性。湖北省内的新构造运动主要发生在上新世末、早更新世末和中更新世末,造成盆地封闭、皱褶、抬升、变形,或夷平面、河流阶地、层状溶洞等微地貌的形成和变化。湖北省山区形成了5级夷平面,但高程存在较大的差别。河流阶地也是如此,如黄陵地区最多发育Ⅵ级河流阶地,说明该段地壳至少经历了6次稳定、上升旋回;鄂西北、鄂东南、鄂东北山区发育有Ⅲ~Ⅵ级河流阶地,至少经历了3~6次稳定、上升旋回。由上述可以看出,湖北省各山区第四纪地壳间歇性运动的次数、速率和每次经历的时间是不完全相同的。

4. 差异性

湖北省内的地壳被不同方向、不同性质断裂分割成不同形状、不同大小的块体,第四纪以来各块体运动形式、运动速率不同。湖北省西部、东北部和东南部山区以间歇性上升为主要形式,但它们隆升、掀升的速率不同,即使是同一块体各部分的运动速率也存在明显的差别。被这些上升区包围的江汉-洞庭盆地,早期以下降为主要特色,但各构造单元自第四纪以来沉积物的厚度存在明显差异,一些无沉积,一些厚度在300m左右。这无疑也是断块差异运动造成的结果。

湖北省内各山区和江汉盆地第四纪构造运动的强度,如与我国东、西部地区相比,属于中等活动水平,比前二者都弱,地震活动性也远不如前二者。

在时间上,鄂西山区、鄂东北、鄂东南山区、鄂北丘陵区,在早更新世时段间歇性隆升、掀斜运动的速度较快,周期较长;中更新世以后隆升、掀升的速度放慢,周期缩短。此外,前期的断裂活动比较显著,造成区内地貌形态复杂化;进入中更新世以后,多数断裂活动变弱,只有少数断裂的活动性仍比较显著,并控制一些小型第四纪盆地的生成和发育。被它们包围的江汉盆地的第四纪构造运动的情况也大致如此。

湖北省各地区第四纪构造运动强度,从总的情况看,早期较强,以后逐渐变弱。

四、新构造单元划分

根据新构造活动的强度、类型及幅度,湖北省可划分出7个新构造(运动)区(图1-3-2)。

1. 鄂西北断块掀升区(Ⅰ)

本区属于秦岭-大巴掀升区的东段,是在南秦岭造山带基础上发展起来的。区内较显著的构造形迹是中低山和沿北西向、北西西向断裂走滑运动而形成的新近纪、第四纪拉分盆地,如房县盆地、竹山盆地和竹溪盆地等。此外,区内发育有5级夷平面,汉水及支流堵河发育4~5级侵蚀、基座阶地。这些资料表明:断块活动有由南向北逐渐增强的特点,如邻近大巴山北缘河谷深切达700~800m,且历史上和近代先后发生了4¾~6½级地震7次,是湖北省地震活动最强的构造区之一。

第一章 湖北省地震构造环境概述

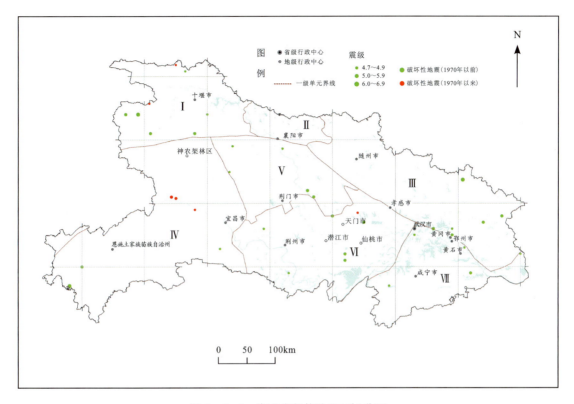

图1-3-2 湖北省新构造(运动)分区

2. 枣襄盆地沉降区（Ⅱ）

枣襄盆地是南襄盆地的一部分，是在燕山运动后期发展起来的，自第四纪以来仍以间歇性下降为主要特点。盆地早期由于受朱阳关-夏馆断裂、新野断裂的影响，发育了多个坳陷和隆起，在坳陷中堆积了厚约800m的河湖相物质；进入第四纪以后，上述两条断裂对盆地的控制作用降低，由北向南掀斜并在其中堆积了厚近100m的河流相物质。与此同时，朱阳关-夏馆断裂上发生了6½级地震，南阳、邓州发生了5.0级左右地震；近年来，在马口山、林茂山等地发生了多次3.0～4.0级小震。

3. 桐柏-大别山掀升区（Ⅲ）

本区第四纪以来继承了新近纪断块不断掀升的特点。区内发育的夷平面和河流阶地面都是北高、南低，说明区内断块在由北向南掀升的过程中，还具有稳定—间歇性突升特点，其强度为第四纪早期较强，近代变弱。本区古近纪末有多处基性—超基性玄武岩浆喷溢，还有一些断裂切割早更新世红层和发生过多次4¾～6½级中、强震，表明本区近代构造活动仍较强烈。

17

4. 鄂西南强烈隆升区（Ⅳ）

鄂西南强烈隆升区为湘西、鄂西隆升区的一部分，以中山为主。长江、清江和堵河上游嵌布其中。由于长期水流的侵蚀作用，河谷高差一般为700～1000m，个别达2000m。这与喜马拉雅运动和第四纪以来的持续隆升运动有极大的关系。

本区地壳盖层和结晶基底被北北东向、北东向和北西西向、北西向断裂切割成大小不等的块体，由于后期的差异上升运动等，除在建始、来凤、恩施几个叠加在白垩纪或古近纪基础上的中、新生代盆地外，未发育有新近纪和第四纪盆地，说明隆升运动在本区占绝对优势。随着隆升时间的延长、高程的增加，本区范围还会扩大，但这个过程非常缓慢。

本区在隆升或掀斜过程中，断裂差异运动诱发了不少中、强地震，如咸丰大路坝6¼级地震等。根据上地壳差异运动形式和特点，可将该区分为黄陵背斜差异上升亚区和鄂西南强烈差异上升亚区。前者对鄂西应力场的展布和周围地区的地震活动有重要影响。

5. 鄂中断块差异上升区（Ⅴ）

本区东、西侧为大洪山、荆山，中间为汉江冲积平原，平面组合总的走向为北西西。大洪山、荆山第四纪以继承性上升为主，河流和沟谷成"V"形谷或直立谷，相对高差200～300m；荆山灰岩分布区内发育有多层水平溶洞，洞底面高程与阶地面基本相当。中部汉江河谷呈"U"形，切割不深，河曲发育，并在两侧发育有3～4级阶地，表明本区仍在差异上升过程中。

本区被一组北北西向断裂切割，组成典型的垒、堑构造。新构造运动时期，特别是进入第四纪之后，该组断裂仍有较强活动，使南漳地堑、乐乡关地垒分别成为半地堑、半地垒。南漳地堑内堆积了古近纪—新近纪沉积物，汉水盆地内堆积了第四纪沉积物，这些沉积物厚度一般约30m，最厚不超过50m。夷平面和阶地一般是北高南低。在断块差异上升过程中，鄂中断块堑、垒边界断裂特殊部位发生了众多小、中震。

根据断块东、西两侧上升幅度大，中间小等特点，可划分出荆山、大洪山中强上升亚区和南漳-荆门堑垒差异上升亚区。

6. 江汉盆地差异下沉区（Ⅵ）

江汉盆地是江汉-洞庭盆地的一部分，是在早白垩世之后逐渐发育起来的，后又经历了多次构造变动。新近纪时，江汉盆地又处于下沉过程中，沉降中心位于潜江浩口和江陵岑河一带，沉积深槽呈北西西—北西向展布，最大沉积物厚度超过1000m，沉降（积）速度为0.1mm/a；新近纪末，盆地四周山地掀升而封闭，进入准平原化发育阶段。第四纪之后，江汉盆地在近东西向坳陷总背景上，又分化出几个北西向次级坳槽，沉积了一套河流相碎屑岩系，最大厚度近300m。中更新世以后，特别是进入全新世之后，江汉盆地呈收缩之势，逐渐成为长江中下游平原的组成部分。此外，本区历史上和近代时有中、强震发生。

本区根据坳陷和隆起特点，可进一步划分出北缘掀斜区、江汉强烈坳陷区和华容相对隆起区。江汉强烈坳陷区还可划分出一系列断凹和断凸，近期均处于缓慢升降过程中。

7. 鄂东南掀升区（Ⅶ）

本区是湘东、赣北掀升区的一部分,第四纪区内以间歇性掀升运动为主要特征,地面高程变化很大,幕阜山一带海拔一般在1000m左右,崇阳、通山一带降至700～400m,至长江附近多在100m以下。

鄂东南掀升区,在经过长期构造运动和水流侵蚀之后,已形成典型的低山、丘陵、谷地景观,整体地势是南高北低。幕阜山分布于湘、赣、鄂三省的边界上,平均海拔在1000m左右,相对高差700～800m。山地之间为海拔500m以下的丘陵,分布有白垩纪红层。江夏-黄石升降区（属鄂东南掀升区的一部分）内分布有侵蚀-堆积波状岗垄,由低丘残山、岗垄组成隔档式河湖地貌。阶地低平,且保存较好;第四系厚度不大,最厚不超过50m。早更新世冲、洪积砾石层广泛出露于江夏土地堂—山坡一带,中更新世冲洪积黏土、砾石层分布于各地丘岗之上。这一带内大型湖泊较多,如梁子湖、东湖、汤逊湖、鲁湖、斧头湖等。本区在近代地壳变动中,一些断裂末端、转弯处或两断裂交会处发生了多次中、强震,如1575年通城5½级地震、1954年赤壁4¾级地震和1993年咸宁4.1级地震群等。

五、新构造运动与地震的关系

（1）湖北省内多数中、强震（$4¾ \leqslant M \leqslant 6¾$）发生在上述不同新构造单元的分界带附近。如46年南阳6½级地震、1932年麻城6级地震、1652年霍山6级地震、1917年霍山6¼级地震和2005年九江-瑞昌5.7级地震等分布于秦岭-大别断块隆起区周缘地带。

（2）新构造断隆幅度最强的地带为中等地震主要能量释放地段。如桐柏-大别隆起区霍山—信阳一线南侧断隆活动显著,也是掀斜面上升幅度最大的顶部,沿此一线发生$4¾ \leqslant M \leqslant 6½$地震约12次。

（3）不少地震发生在新近纪以来的沉降盆地边缘。这些盆地多具同沉积断陷性质,且在新构造时期沉积厚度和沉降中心有明显变化。例如汉水地堑钟祥一带5～5½级中等地震重复发生;江汉-洞庭沉降区东缘仙桃等地发生多次中等地震,其西缘常德1631年6¾级强烈地震事件则是江淮地区已知的最为惨重震害的历史地震;潜山-望江升降区边缘的潜山、贵池、九江等地发生过多次中、强震。

（4）新近纪以来缓慢间歇性整体隆起和震荡性升降区内部中等地震较少,如幕阜山隆起区、江夏-黄石升降区等。

（5）区域现今地壳运动以整体平移和缓慢抬升为主,差异较弱,故中等地震活动频度不高。

第二章

湖北省主要断裂活动特征

湖北省及邻区地跨秦岭褶皱系与扬子准地台两大构造单元,发育60余条主要断裂(带),以北东向、北西向为主,尤其是北西向襄樊-广济断裂带、北东向郯庐断裂带为一级构造单元的分界断裂,具有复杂的几何学结构和多期活动形迹。在新构造期,这些断裂(带)的活动强度与地震活动的相关性不尽相同,差异明显。

本章对湖北省内的60余条主要断裂(带)进行了详细描述,给出了每条断裂(带)活动性确定的主要依据,确定了每条断裂(带)的活动性质和特征。

第一节 北东向断裂

一、堵河断裂(F_7)

堵河断裂从竹山县城往北东方向沿堵河南侧发育,长约60km,走向45°,倾向北西或近于直立。断裂破碎带宽5~10m,由碎裂岩、糜棱岩化挤压透镜体等组成。据中国地震局地质研究所(2004)有关资料,在竹山县城东北罐子沟附近,断层破碎带宽5~8m,带内物质电子自旋共振法(ESR)测年结果为19万a(图2-1-1)。从剖面上来看,晚更新世松散堆积物未被断层错断。根据已有资料,该断裂在十堰—大川—姚坪—竹山一带的活动性均较差,在局部地段如竹山县城东北可能有弱活动迹象,但断层泥物质测年数据明显偏新。

在武当南路北岩壁上,可见灰绿色块状辉绿岩与灰绿色武当片岩断层接触(图2-1-2、图2-1-3)。断裂走向20°,倾向北西,倾角68°。断面平直,可见薄层构造岩附于其上,阶步发育,指示正断层。断面较光滑,但已氧化,呈黄褐色,局部呈紫红色。发育厚10~20cm的碎粉岩,已固结。

综合地质地貌特征和前人研究成果,判定堵河断裂为前第四纪断裂。

第二章 湖北省主要断裂活动特征

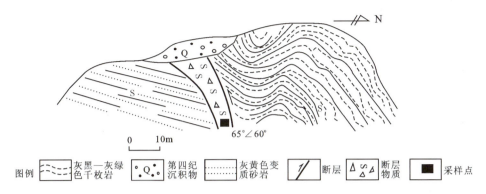

图 2-1-1 堵河断裂竹山县城东北罐子沟地质剖面图(据中国地震局地质研究所,2004)

图 2-1-2 堵河断裂武当南路北岩壁露头照片(镜向:SW)

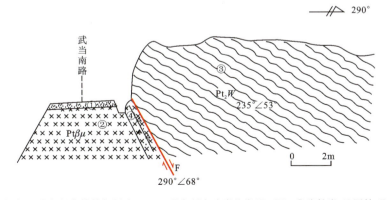

①路面;②灰绿色块状辉绿岩(Ptβμ);③灰绿色武当片岩(Pt₂W);④碎粉岩,已固结;F.堵河断裂

图 2-1-3 堵河断裂武当南路北岩壁地质剖面图

二、新华-水田坝断裂（F_{12}）

新华-水田坝断裂为黄陵断块西缘边界构造，走向20°，倾向北西，倾角60°～85°，总长度约100km；自北而南由左行右阶的新华断裂和水田坝断裂组成。切割元古宇神农架群、震旦系、古生界及中生界等一系列地层。在高阳镇（兴山县）以北以左旋、左阶形式相接。阶区为多组断裂切割长8km、宽5km的小型断块构造。

该断裂在寺平镇和新华镇由平行的东、西两条断层组成，西断层出露于水田坝徐家坪公路转折处，主带发育在晚侏罗世长石石英砂岩与紫红色黏土岩夹长石砂岩之间，走向25°～30°，倾向北西，倾角70°（图2-1-4）。变形带宽近80m，由东向西，分别由碎粉岩、断层泥、片理化岩和碎裂岩、破碎岩组成。根据构造岩的变形序次、破裂组合、方解石脉的错位和同断裂褶皱变形等分析，该变形带早期以高角度冲断运动为主，晚期则表现为倾滑运动，兼有少量右旋走滑分量。

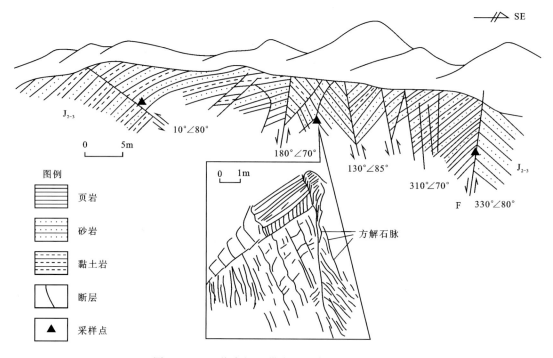

图2-1-4　徐家坪一带水田坝断裂地质剖面图

在水田坝北（N31°04′28.4″，E110°40′46.8″）可见该断裂出露。图2-1-5中：①为晚侏罗世灰白色中厚层长石砂岩夹紫红色钙质黏土质粉砂岩，靠近断层附近可见夹薄层灰绿色泥岩；②为断层破碎带，宽约1.5m，地貌上为一沟谷，大多被坡积物覆盖，仅在边缘见到严重片理化的紫红色钙质粉砂岩及少量长石砂岩透镜体；③为节理密集发育的剪破裂带，其中下侏罗统产状为110°∠85°，节理密度为20～50条/m，切割甚至取代层理，部分节理间有剪切活动形成的片理状泥状物；④为次级断裂发育带，可见3条产状相近的次级断层，其中f_1为正断层,f_2 和 f_3 为逆断层;⑤为一背斜,岩性由紫红色钙质黏土质粉砂岩变为灰白色中厚层长石砂岩夹紫红色钙质黏土质粉砂岩。

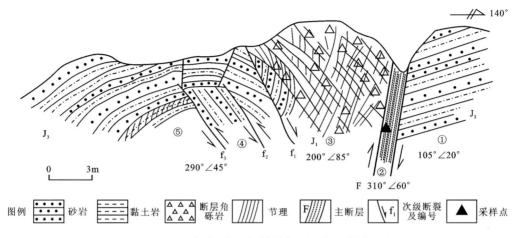

图 2-1-5　新华-水田坝断裂水田坝北地质剖面图

新华-水田坝断裂的新构造活动主要表现在:①微地形地貌呈线性断层槽谷、冲沟和垭口等负向形态,槽谷长度大都在 15km 或更大,谷坡多数为断层陡崖或断层面山,或侵蚀后退形成的"V"形谷,并有谷中谷或谷中岭等微地貌现象;②古滑坡和现代滑坡沿断裂带相对发育;③沿带 2.0~3.0 级小震相对集中;④根据断层测年数据确定其活动时代为中更新世[$(21\sim87)\times10^4$a,热释光法(TL)]和晚更新世[$(7.3\sim9.4)\times10^4$a,TL 法]。

综合地质地貌特征和前人研究成果,判定新华-水田坝断裂为早中更新世断裂。

三、高桥断裂(F_{13})

高桥断裂走向 45°,倾向北西或南东,长约 50km,形成于印支—燕山期。2012 年中国地震局地质研究所实施"三峡库区三期地质灾害重大科研项目"时发现高桥镇北的第四纪断层。

在高桥镇北见一断层剖面(图 2-1-6~图 2-1-8),断层走向 340°,倾向南东,倾角 70°。断层发育于三叠纪灰岩和泥岩之间,断错了顶部覆盖的磨圆很好的阶地堆积砾石层,有约 1m 的垂直位移,顶部被更新世坡积砂砾石层覆盖。

高桥断裂在地形和微地貌上总体表现为谷岭相间排布的线性特征,地貌反差强度较大,一般都为 200~300m,最大可达 700~800m。新构造活动表现在地貌上有 150~250m 的反差幅度,沿带发育大量历史和现代滑坡;断层带年龄测定其最晚滑动时代为 23.8×10^4a(TL 法)、中更新世和晚更新世[扫描电子显微镜(SEM)];断裂带显微构造揭示喜马拉雅期断壁上的方解石又被左旋错断;现代小震多沿断裂分布,1979 年秭归龙会观 5.1 级中强地震可能与该断裂(及北北东向周家山断裂)的最新活动有关。2000 年 6 月 19 日高桥 3.6 级地震应由高桥断裂活动引起。此外,据邓嘉农(2003)的研究,该断裂的差应力值高达 145MPa,高于三峡其他地区,表明该断裂仍处于高压的构造变形环境。

综合地质地貌特征和前人研究成果,判定高桥断裂为早中更新世断裂。

图2-1-6 高桥断裂高桥镇北断裂剖面照片
（据中国地震局地质研究所,2012）

图2-1-7 高桥断裂高桥镇北断裂断错阶地砾石层 （据中国地震局地质研究所,2012）

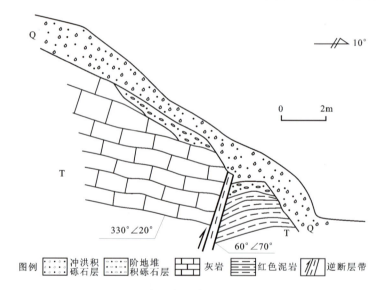

图2-1-8 高桥断裂高桥镇北地质剖面图
（据中国地震局地质研究所,2012）

四、周家山断裂(F_{14})

周家山断裂带由周家山断裂与牛口断裂组成,在长江南北方一带呈雁列形式北北东向展布,岩桥宽度1.6km,最大线性长度9km。该岩桥即为1979年5月22日秭归龙会观M_s5.1级地震的宏观震中区所在地,即构造震源体。其9km线性长度吻合M_s5.1级地震的几何尺度。该断裂斜切秭归侏罗纪盆地西翼,向北与北东向高桥断裂斜接,全长约40km,倾向北西,倾角60°～70°;断裂线性影像清晰,沿中段龙会观—周家山一线发育高差强烈面向西倾的断层崖和规模宏大的滑坡群,且以龙会观尤甚;断层破碎带宽10～20m,见有断层角砾岩,碎裂岩粉宽1～2.5m,断层泥宽30cm。据长江三峡人工地震测深,周家山断裂切过结晶基底,倾向西,基底顶面断差约1km,西浅东深。周家山断裂左旋位错侏罗系(J_2x),剩余形变分别为200m和600m。SEM测试表明该断裂于中更新世—晚更新世早期曾有活动,TL法年代测试值为$(9.4±0.4)$万a。20世纪60—70年代,巴东和龙会观一带曾有10余次$M_s>1.0$的微震。

综合地质地貌特征和前人研究成果,判定周家山断裂为早更新世断裂。

五、建始断裂(F_{17})

建始断裂北起建始盆地西缘,切割茶山背斜东翼,向南西方向延展,经猫儿坪、梭布垭、芭湖塝,止于清江北岸的屯堡一带,全长近70km。断裂呈斜列展布,总体走向北东。断裂以恩施县龙马附近的一条近南北向的大坝断裂截切处为界,分为南、北两段。两段的几何形态、产状、组合结构及活动性等方面均有所差异。

南段自屯堡往北至龙马南,长8km左右。断裂在该段表现为由数条大致平行的次级断裂组成。如龙桥河电站附近所见,断裂包括3条次级断裂,其中西侧2条次级断裂发育在奥陶纪灰岩中,断面东倾,擦痕和牵引现象显示为正断裂;东侧主干断裂在奥陶纪灰岩与志留纪页岩中通过,破碎带宽20m左右,断面呈波状弯曲,局部地表断面倾向125°,倾角65°,呈逆断裂性质。断裂西北盘在靠近断面处,奥陶纪灰岩产状由正常的50°变成60°,而东南盘靠近断面处志留系产状异常紊乱,形成一系列平行于断裂的褶皱。断裂内部除靠近断裂处发育宽2～5cm的断层泥外,其余均为构造角砾岩,其角砾成分多为志留系物质,胶结松散,同时还见有挤压透镜体及挤压片理构造,长轴方向基本与断面平行一致。

南段在卫星影像上显示清晰且明显,断裂西盘为一排整齐的断裂陡崖,断裂通过地带为一平直的沟槽,线性构造影像十分清晰。

该段断裂在中生代形成时应为压性,以后经过多期活动。新构造期以来,结合区域及整个断裂情况分析,该段断裂以右旋张剪性为主要特征。断裂构造岩松散,泉水沿断裂分布,例如落叶坝附近山垭断裂上有3个井泉,间距50m左右,其南1000m石橙子也有泉水出露;屯堡附近,断裂通过处形成垭口和陡坡—断层台地—低谷(洼地)3级组合地形;断裂中构造岩样品年龄鉴定结果表明,最新一期活动时间为$(19.76±1.60)$万a,为中更新世晚期。

北段自龙马附近至建始盆地西,长60km左右。该段由一条主干断裂或2条相距很近的断裂组成,平面上呈追踪拐折形式,断面倾向南东,部分地段控制白垩纪红层堆积。

梭布垭—大湾一带,断裂切割寒武纪灰岩和志留纪页岩;西盘灰岩倾向260°～330°,倾角20°～50°;东盘页岩倾向240°,倾角70°。断裂中岩层破碎且凌乱,带宽近百米。主断裂通过处被崩落的页岩碎块掩盖,断面不清,无法采集断裂测年样品;从地层关系和志留纪页岩缺乏挤压痕迹分析,断裂为张性正断活动性质。但从断裂角砾岩中包含剪性构造岩或经碾磨的次圆状角砾分析,断裂前期经历过多次不同性质的活动。

在建始城西罗家湾,发育两条相距很近的断裂,断面均倾向130°,倾角60°~80°,其间夹持的奥陶系构成槽谷,显示出张性正断活动特征。但在断裂的局部地段,断面又明显地呈舒缓波伏,并在东断面西侧发育有厚3m左右、大小混杂、具棱角状、胶结较紧密的构造砾石带,角砾岩见有被剪切错开的现象。

断裂北段在地貌上也有显示:断裂通过处多形成垭口、槽地,在梭布垭、星母田至大湾一带尤为清楚;断裂东盘下降,出现成带的低洼槽地,与西侧寒武纪灰岩陡山形成较明显的对照。但北段活动性相对较弱,如流经断裂的河流、溪沟没有受到南段那样大的影响,未出现改变流向等现象。

从整个断裂的表现来看,该断裂形成于印支运动,在燕山运动中得到进一步发展,即控制中生代白垩纪盆地,又对白垩纪地层起到了切割破坏作用。先后经历了张、压扭性质的变化。新构造运动期间张扭性活动特征明显,且南段比北段活动性强烈。但总体来看,该断裂与区域一些大的北东向断裂相比,活动水平较低,地震活动稀少。断裂年代测定结果表明,其最新活动延续到中更新世晚期。

综合地质地貌特征和前人研究成果,判定建始断裂为早中更新世断裂。

六、七曜山断裂(F_{18})

七曜山(-金佛山)断裂位于重庆市和湖北省的交界部位,是四川台坳与上扬子台坪两个二级构造单元的分界线。断裂北起重庆市奉节乌云顶一带,向南西延伸至齐岳山中堂、天上坪、马武坝,直到彭水的牛岩铺,全长约210km。断裂在重磁场上均有所反映,表明其深断裂性质。但主干断裂在地表的连续性较差,分支断裂少,地表主要表现为断续延伸的特点。

据其几何结构和变形特点的差异,该断裂大体可划分为4段(图2-1-9)。

北段:北起奉节的乌云顶,南至白杨坪,全长29km,也称红沙坡逆冲断裂。位于齐岳山背斜北段近核部东侧,总体走向50°~65°,倾向北西,倾角较陡。破碎带宽15~30m,次级断裂少见。断裂上盘为嘉陵江组,下盘为巴东组。

中北段:展布于中槽一带,也称中槽断裂。断裂大致位于齐岳山背斜核部西侧,与北段南端的陆桥间距24km。断裂长约26km,走向35°左右,倾向西北,西盘向上逆冲,断距较小,一般不到100m。破碎带宽10~50m,由多条逆冲断面和角砾岩带组成。

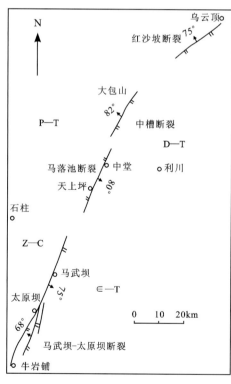

图2-1-9 七曜山断裂展布图
(据谢广林等,1991修改)

中南段:展布于齐岳山中堂、马落池、天上坪一带,也称马落池断裂,长度约30km,走向20°～30°,倾向南东,倾角60°～75°,主断面产状稳定,因主断面近于平行陡倾地层面,故平面、剖面断距一般小于50m。破碎带较窄,一般小于30m,主要由碎裂岩、角砾岩、方解石脉和摩擦薄膜组成。

南段:展布于马武坝、太原坝和牛岩铺一带,也称马武坝-太原坝断裂,全长约60km,中南段的间岩桥区长约15km。大致沿大王洞背斜核部东翼发育,主断面走向25°～30°,倾向南东,倾角60°～70°,东盘下降,最大位移100m左右,表现为张性正断层。破碎带宽度30余米,主要由碎裂岩组成,南部次级断裂较发育。

从图2-1-10可以看出,马落池断裂沿齐岳山背斜轴部的西侧发育,断裂西侧为三叠纪大冶组灰岩,岩层产状倾向280°,倾角50°,向东越靠近主断面倾角越陡,直至发展到强烈揉皱破碎。

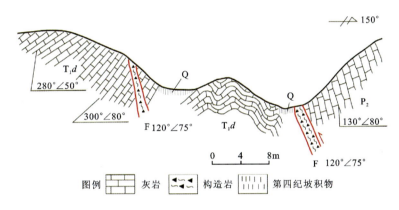

图2-1-10　七曜山断裂中南段马落池断裂(天上坪)地质剖面图(据丁仁孝,2005)

断裂东侧为晚二叠世灰岩,地层产状因强烈挤压产生倒转,倾向130°,倾角85°。主断面倾向120°,倾角75°。断裂破碎带宽几米,主要由构造角砾岩组成,影响带宽约50m,自西而东分别由碎裂岩—揉皱带—角砾岩—碎裂岩组成。

中槽断裂与马落池断裂左行排列,两断裂之间的岩桥间距3km左右。利川—万州新318国道开挖揭露出的断裂剖面(图2-1-11)显示,断裂发育在三叠纪大冶组灰岩中,倾向西北,倾角50°左右,破碎带宽10m,其构造岩较为复杂,可见宽1～10m的断层泥紧贴断面东壁和角砾岩带及片理带等。其中,角砾岩已被方解石紧密胶结,在挤压片理带中还见到一些断层角砾岩被进一步错开的现象。

从以上两条断裂的结构与变形特征分析,七曜山(-金佛山)断裂有过多期活动,主要形成于燕山运动时期,当时在强大的北西-南东向区域构造应力的作用下,产生北东走向齐岳山背斜褶皱构造,伴随褶皱的发育产生同向压性断裂,但由于各地介质条件和构造环境的差异,各段断裂的产状及构造岩结构表现出一定的差别。喜马拉雅运动期间,区域构造应力场发生巨大改变,由原来的水平挤压变成地壳均衡调整和引张状态,断裂转为张性活动特点。新构造期以来,断裂仍有一定的活动性,其中以马落池断裂段表现得更为明显,主要是地貌

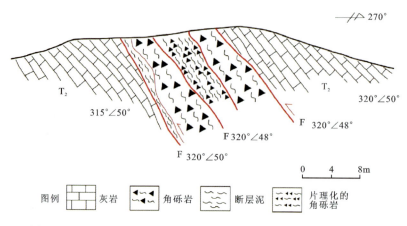

图 2-1-11　七曜山断裂中北段中槽断裂地质剖面图(据丁仁孝,2005)

上表现出了强烈反差,沿断裂带基本上以沟谷、洼槽为主的负地形发育,并在洼槽内堆积现代坡、洪积物。采集自断裂带中的方解石脉体的测年结果显示,在距今 31.10 万 a 左右断裂明显活动(徐瑞春,2000)。在天上坪和谋道至利川新 318 国道断裂带内采集断层泥,石英 SEM 测试结果显示,在早更新世和中更新世断裂均有比较明显活动,晚更新世又有活动。近年来,在中南段的马落池断裂和中北段的中槽断裂之间的岩桥区有几次微震活动,最大震级为 1984 年 9 月 29 日的 $M_L 3.0$。

综合地质地貌特征和前人研究成果,判定七曜山断裂为早中更新世断裂。

七、忠路断裂(F_{19})

忠路断裂北起湖北利川星斗山北麓,顺郁江向南延伸,经郁山镇、保家镇、张家坝、羊头铺,继续延展至彭水县东,消失于贵州省务川县境内,全长 150km。断裂由 2～3 条大致平行的分支断裂组成,其中南、北两段变形带较宽,中段相对单一。总体走向 18°～40°,倾向北西,倾角 45°～80°,切割由寒武系至二叠系组成的同向郁山背斜和利川复向斜。据区域地质资料(四川省地质矿产局,1988),该断裂是在燕山期北西-南东向区域性主压应力作用下,与郁山背斜和利川复向斜同时或稍后发育形成的左旋剪切带。忠路断裂北端段西盘二叠系逆冲于志留系之上,文斗段则发育于志留系之内,黔江段则可见奥陶系逆冲于志留系之上,或寒武系与志留系呈断层接触,断层倾向北西,倾角 60°～80°,呈逆掩或逆冲性质。单断层破碎带宽 10～20m,发育松散碎粉岩和断层泥状物质。据卫星影像分析,忠路断裂具有鲜明的线性切割构造地貌特征,北北东向麻山条状低中山岭延绵于断层上盘(西盘),沿线发育断层槽谷、垭口、断层崖、离堆山、断层滑坡体等,一些跨断层的郁江支流具有右旋扭动特征。在烂池子东侧,断层线性切割的峡谷东壁具有朝向西北的高耸险峻的断层崖,继而向南西在红椿林场线性切割岩溶峰丛顶部继续延伸。在忠路东侧断裂线性切割鲜明,朝向北西的断层崖连绵发育,部分段落控制郁江支流的发育。在鲍家至峡口塘,断裂呈弧形弯曲,郁江河道呈向东弯曲弧形与断层相切(长约 1.5km 的条状离堆山岭),在高坎子断层滑坡体上又显示出断层切割的痕迹。据中国地质调查局武汉地质调查中心的资料,忠路断裂(红椿沟段)中方解石质角砾岩 ESR 法测年结果为(1478±147)ka。

1. 龙洞石料加工厂地质剖面

由 3 条大致平行但性质不同的断裂组成宽度大于 20m 的动力变形带,出露在中、上奥陶统和下志留统内。自东向西依次为:F_1,产状 30°/SE∠60°～75°,正断性质。下盘为中、晚奥陶世浅灰色泥质灰岩(产状 250°/NW∠65°);上盘被厚约 3m 的褐红色、褐黄色黏土和碎石覆盖,底部出露少量同期灰岩(产状 270°/N∠45°)。主断面呈锯齿状张裂,裂面上附有宽 3m 的已胶结的粗粒碎裂岩(图 2-1-12、图 2-1-13)。少量擦痕揭示断裂还具有左旋水平位移。F_2 和 F_3 分别切割上奥陶统临湘组灰岩与上奥陶统五峰组碳质、硅质页岩和下志留统龙马溪组砂页岩,产状分别为 65°/NW∠70°和 45°/NW∠80°。断裂面以脆性剪切带为特征。虽然剪切带宽度仅 20～30cm,并附有较薄的片理化岩,但 F_2 与 F_3 之间的强变形和碎裂岩带宽达 4m,带内发育与主滑面平行的节理。F_3 西盘的强变形和碎裂岩带宽度大于 7m。强风化的褐红色、褐黄色原始碎裂岩(厚约 3m)覆于 F_2 和 F_3 之上。

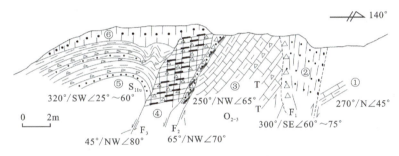

①中、晚奥陶世泥质灰岩、生物碎屑灰岩、碎裂灰岩;②第四纪黏土、碎石覆盖层;③同①,张节理(T)发育;④上奥陶统五峰组(O_3w)页岩、硅质页岩,强变形,已全部碎裂岩化;⑤下志留统龙马溪组(S_1l)页岩、砂岩,具伴生褶皱;⑥中更新世残坡积层与强风化层。

图 2-1-12 忠路断裂(龙洞湾北石料加工厂)地质剖面图

图 2-1-13 忠路断裂(龙洞湾)露头照片

(镜向:NNW—N—NNE,自右向左,分别显示 F_1、F_2 和 F_3 断裂结构)

根据本观察点(龙洞石料加工厂)特征,断裂表现出脆性剪切变形,断距小于100m,碎裂岩胶结坚实,缺乏深层位的韧性构造岩。断裂对上覆或侧旁的第四纪残坡积层或强风化带没有影响,地貌上响应不明显。综合判定忠路断裂在本段活动性较弱。

2. 沙子坝—吊索桥间地质剖面

主断裂大部分被覆盖,但从相关地层变形证实断裂存在无疑。主断裂产状45°/NW∠70°,西盘为中奥陶世中厚层碎屑灰岩、白云质灰岩,产状170°/NE∠60°;东盘为中、上寒武统毛田组和耿家店组灰岩、白云岩等,产状局部为220°～230°/NW∠10°。构造岩带宽度大于30m,几乎全由下奥陶统分乡组灰色、灰绿色页岩、钙质页岩碎裂岩和不同程度风化物组成(图2-1-14、图2-1-15)。根据断裂两盘地层层序、西盘发育的张性伴生节理以及层间滑动尖棱褶皱判断,断裂为西盘下降的正断性质,断距不足150m,同时兼有左旋位移。断裂在地貌上呈反差强烈的负向侵蚀低丘。

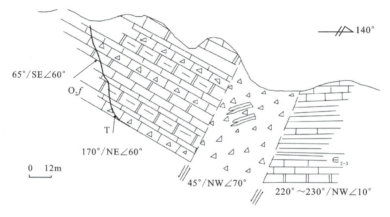

O_2f.中奥陶统分乡组;ϵ_{2-3}.中—上寒武统;F.主断裂;T.伴生张节理(裂隙)。

图2-1-14 忠路断裂(沙子坝—吊索桥一带)地质剖面图

图2-1-15 忠路断裂(沙子坝)构造与地形地貌(镜向:N—NE)

3. 联心村地质剖面

在联心村附近可见忠路断裂出露。该处断裂发育在下二叠统梁山组灰色中薄层泥质砂岩中(图2-1-16、图2-1-17)。地层产状倾向南东东,倾角32°～36°。断面倾向155°,倾角65°。破碎带宽约50cm,由碎裂岩、构造泥、透镜体等组成,呈松散状。据破碎带两侧地层变形特征,推测其为逆断层。据破碎带内物质组成特征,该断裂最新活动时代可能为早更新世。

图2-1-16 忠路断裂联心村附近露头照片
(镜向:NE)

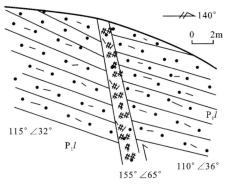

图2-1-17 忠路断裂联心村附近地质剖面图

4. 绿豆江口剖面

在绿豆江口,断裂切割上寒武统毛田组、下奥陶统南津关组和中、上奥陶统分乡组与红花园组,产状15°～30°/NW,高倾角,构造岩带宽约3m。西盘地层中发育膝状伴生褶曲和一系列产状40°～50°/SE∠20°～30°的左行剪切节理,由此推测该断裂为正断性质,并具左旋位移分量(图2-1-18)。地貌上断裂两盘有百米以上的高差,北流的绿豆江在此段长300～400m,河谷沿断裂发育。

图2-1-18 忠路断裂绿豆江口一带地形地貌(镜向:N-NNE)

该断裂形成于燕山期,多期活动,东盘多出露中、上寒武统和奥陶系;西盘则为志留系和部分奥陶系。在郁山镇和白石关等地,碎裂岩、断层泥及多期方解石脉和微破裂变形(图 2-1-19、图 2-1-20)均暗示,该断裂经历过多次较重要的构造事件,最晚一期在本剖面段表现为右旋走滑性质。地貌显示清晰,溶蚀谷、溶槽、洼地沿带分布,有些洼地现已积水成湖。

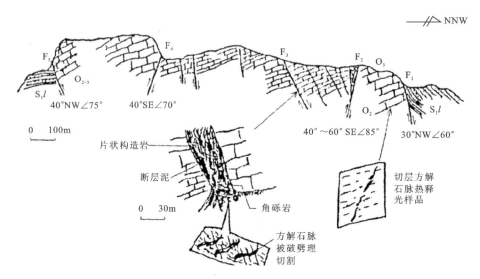

S_1l.下志留统龙马溪组;O_2.中奥陶统;O_{2-3}.中—上奥陶统;O_3.上奥陶统;$F_1 \sim F_5$.断裂。

图 2-1-19　忠路断裂(白石关一带)地质剖面图

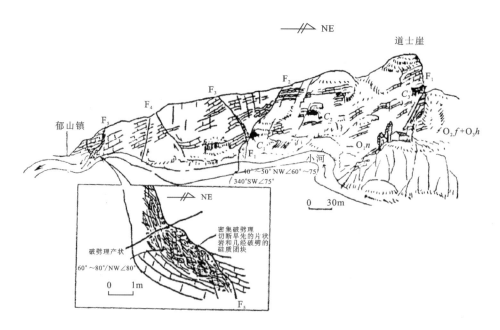

O_1n.下奥陶统南津关组;O_2f.中奥陶统分乡组;O_3h.上奥陶统红花园组;$F_1 \sim F_5$.断裂;C_1.岩溶溶洞编号。

图 2-1-20　忠路断裂(郁山镇北)地貌素描图

郁山镇一带还出露数处温泉。本次采集的断裂物质测年结果表明,该断裂在本段最晚活动时限为中更新世晚期。李兴唐(1987)和四川省地震局(1988)利用 ESR 法测得断裂活动年龄大于 50 万 a,也证明其在中更新世中期有活动。

综合地质地貌特征和前人研究成果,忠路断裂应为早中更新世断裂。

八、黔江断裂(F_{20})

黔江断裂走向 30°,倾向南东或北西,长约 90km,由两条次级断裂组成:北段黄金洞断裂长 50km;南段黔江南沟断裂长 40km,均形成于燕山期。断裂卫星影像特征明显,多为沟谷或负地形。黔江坝子西断裂东侧发育一套河湖相沉积物,可见厚度 30m。这套地层多构成现今河流阶地的基座。在 II 级阶地上取 ^{14}C 样品,测得年龄为$(26\,670±315)$a(四川省地震局,1993)。根据黔江坝子第四纪沉积物向西变厚的事实,有理由推定黔江坝子是断裂晚更新世以来差异活动形成的单侧断陷盆地。据四川省地震局(1988)在黔江断裂上取断层泥 TL 法分析,活动年龄为$(37.0±1.85)$万 a。在黔江城北大垭口取断层泥进行石英碎粒显微形貌分析(SEM)的结果显示,断裂在早更新世—中更新世有过活动。以上年代学资料表明,断裂最新活动主要发生在中更新世中晚期,可能延至晚更新世初期。

在黔江县南南沟公路边,村民开挖地基揭露出一断层剖面(图 2-1-21、图 2-1-22),为志留纪灰色砂泥岩与第四系断层接触,断层走向 340°,倾向南西,倾角 55°。断层面上发育擦痕(图 2-1-23),走向 30°,侧伏角 50°,显示断层具右旋走滑特征。

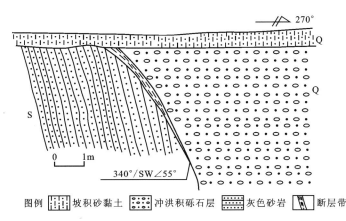

图 2-1-21 黔江断裂黔江南沟地质剖面图
(据中国地震局地质研究所,2012)

据地震史料记载,该断裂的次级断裂——筲箕滩断裂的北端黔江小南海于 1856 年 6 月 10 日发生 6¼ 级地震,震中烈度为 Ⅷ 度。经实地调查,该地震极震区长轴方向为北东向,有感范围有向北东、南西减小的特点。从极震区大垮崖、小垮崖的力学机制看,此次地震的发震构造与黔江断裂关系最为密切(四川省地震局,1988)。

综合地质地貌特征和前人研究成果,判定黔江断裂为晚更新世活动断裂。

图 2-1-22 黔江断裂黔江南沟剖面照片
（据中国地震局地质研究所，2012）

图 2-1-23 黔江断裂黔江南沟断面
上的擦痕（据中国地震局地质研究所，2012）

九、恩施断裂（F_{21}）

恩施断裂呈雁列弧形展布，总长约 80km。根据总体特征和局部差异，一般将其分为 3 段：北段自董家店至龙凤坝，中段构成恩施盆地西缘，南段为大鱼龙—两叉河段。对该断裂的研究，有许多相关文献和资料，下面就相关资料综合评述如下。

1. 恩施高桥坝西大河坝剖面

在恩施高桥坝西附近，断裂形成明显的基岩陡崖，西侧为由灰岩组成的长条形山岗，东侧则为由砂、页岩组成的河谷，断裂出露于两套不同的岩石之间。在高桥坝西大河坝断裂出露清楚，表现为早志留世灰岩逆冲在晚白垩世砂岩之上，断面清楚，产状 20°/NW∠75°，剖面上发育两条平行的小断层，构造岩不发育。断裂上覆中更新世残积红土，对红土底部地层有轻微扰动，但对中、上部地层没有影响（图 2-1-24）。

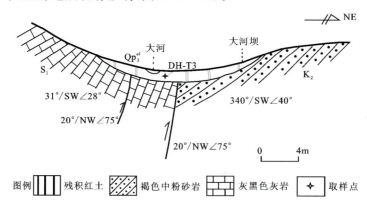

图 2-1-24 恩施断裂高桥坝西大河坝地质剖面图
（据中国地震局地质研究所，2004）

在高桥坝,沿大河坝作地质地貌横剖面,发现断裂两侧发育的Ⅱ级阶地(T_2)没有构造变形,两岸阶地呈对称形态,均比河床高约9m。阶地由红色黏土组成,上覆浅褐色砂土层,其时代为中更新世—晚更新世,由此推断断裂在Ⅱ级阶地形成以来无新活动表现(图2-1-25)。

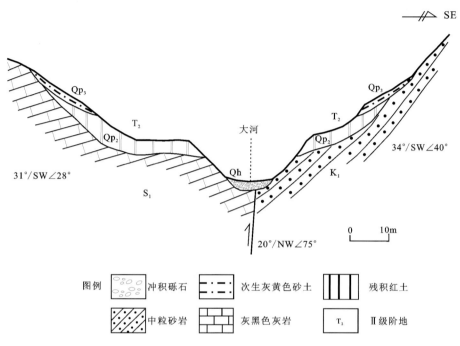

图2-1-25 恩施高桥坝西大河坝阶地与断裂关系剖面图

(据中国地震局地质研究所,2004)

2. 金龙坝剖面

金龙坝村西杉树坡一带断裂构造,为恩施断裂带北、中段之间连接处的转换构造,走向近南北,倾向东,高倾角(图2-1-26)。断裂发育在上寒武统与下志留统之间,并切割北东方向的复式褶皱的倾伏部位。两盘地层产状分别为120°∠40～60°,340°∠60～70°。破碎带中断层构造岩发育,多数为碎粉岩、角砾岩,固结较好,观察点处宽10m左右。据相关资料判断,该断裂在燕山期以冲断运动为主,兼有200～400m的左旋水平位移。该断裂在地貌上形成50～80m的落差,断面陡倾,上盘向西逆冲,形成负地貌(图2-1-27)。

恩施断裂在地貌上的反映明显:在构造地貌上西(下)盘的寒武纪基岩残留有高程800～900m的低山;东(上)盘的晚白垩世红层则形成高程400～600m的丘陵,两盘有300～400m的反差幅度,两者之间为高程400～450m的构造侵蚀或侵蚀-堆积的断裂谷。

该断裂第四纪以正倾滑运动为主,兼有不同程度的右旋水平滑动分量。断裂上未有小震活动记录。综合以上资料认为,恩施断裂为早中更新世断裂。

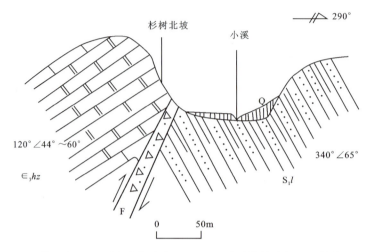

Q.第四系;S_1l.下志留统龙马溪组;ϵ_3hz.上寒武统耗子砣组;F.断裂。

图 2-1-26 金龙坝杉树坡一带近南北向断裂地质剖面图

S_1l.下志留统龙马溪组;ϵ_3hz.上寒武统耗子砣组;F.断裂。

图 2-1-27 金龙坝杉树坡一带断裂的地貌响应(镜向:SW)

十、莲花池断裂(F_{22})

莲花池断裂发育在恩施宣恩褶皱带核部,呈北东向展布,切割不同时代地层,断裂倾向南东,具有逆断层性质。该断裂又称大青山断裂,北起严家垭,向南经三堰坝、鲁竹坝东,至毛坝,长约50km。下面以恩施东侗家湾剖面来介绍该断裂的主要特征。

该断裂发育在早三叠世(T_1)灰绿色细砂岩与中三叠世(T_2)红色泥岩之间,表现为前者逆冲在后者之上。断层面产状20°/SE∠70°,断层带宽达7m,由半胶结破碎岩和半固化的断层泥组成,破碎岩厚6m。断层上覆灰黄色次生砂土,取样(TJ—T_2)进行TL法测年,其年龄为(45.59±3.88)ka。上覆地层没有错断现象(图2-1-28)。

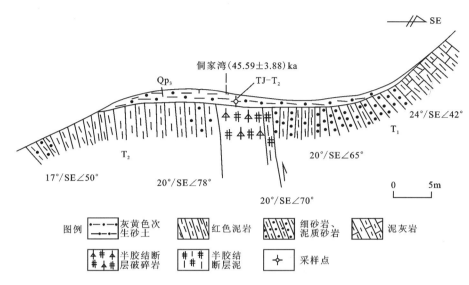

图 2-1-28 莲花池断裂恩施侗家湾(莲花村)公路北侧断层地质剖面图
(据中国地震局地质研究所,2004)

在图 2-1-29 南侧的探槽剖面中,揭露了断层的细结构,断面产状为 32°/SE∠69°,断层岩由半胶结状断层泥组成,厚 0.8m。取断层泥样(TJ—E9)进行 ESR 法测年,结果为 165.37ka。

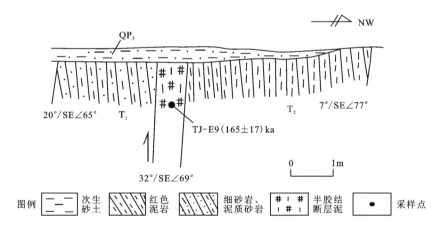

图 2-1-29 莲花池断裂恩施侗家湾(莲花村)公路南侧断层探槽剖面图
(据中国地震局地质研究所,2004)

恩施东北的桥头坝一带,断裂发育于三叠纪灰岩中,地貌上形成谷地,并有河流经过。从阶地剖面上可以看到第四纪冲积物覆盖在断裂之上。距离地表 1.8m 处的细砂岩透镜体的 TL 法测定结果为(1.31±0.11)万 a(中国地震局地质研究所,1999)。

断裂上覆晚更新世地层未被错断,断层泥为半胶结状,断层地貌有一定反映,据此并结合年代测试结果分析,莲花池断裂属早中更新世断裂。

十一、咸丰断裂(F_{23})

咸丰断裂北起宣恩甘沟塘,向南西经马河坝,咸丰大田坝、新场,然后延伸进入重庆市鱼泉附近,长125km。断裂位于咸丰背斜的西北翼,大致平行褶皱轴向延伸。断裂带宽2km左右,主要由不同级别、不同性质先后叠加的断裂组成。断裂走向40°,倾向北西(少数北东),倾角一般在40°左右,有时可高达60°~70°,甚至直立。

它从覃家坪始切开咸丰背斜的东北封闭端,沿断裂造成大量的地层缺失。同时,它也严格地受到咸丰背斜的控制,走向与背斜轴平行,长度与背斜长度相近,断面倾向与所在翼部岩层倾向一致。随着组成断裂带的南、北两条主断裂的距离变化,宽度从300m到1500m不等。断裂带间地块中的分支小褶皱的褶皱轴和分支压性断层与断裂带成20°~30°的角度相交,根据锐角指向,断裂带的北西盘向北东方向滑动。断裂带中岩石破碎,岩石破碎方式主要有两种:一种为密集的不规则的网格状的张裂方式,裂隙被方解石细脉填充,形成不规则的网格状构造;另一种以密集的弧形扭裂方式,裂隙中一般未充填方解石脉,形成鱼鳞式构造。此外,沿断裂破碎带常见不规则的方解石团块,泥质页岩具绿泥石化、炭化等现象。

在咸丰县城南大坝一带,断裂主要表现为叠瓦式构造组合,由一条主干逆冲断裂和2~3条次级逆冲断面组成,断面倾向南东,倾角40°~70°(图2-1-30)。断裂破碎带由构造角砾岩、碎裂岩及断层泥组成。

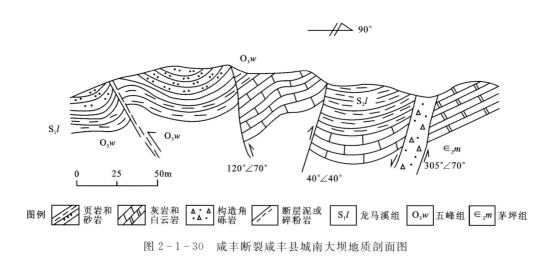

图2-1-30 咸丰断裂咸丰县城南大坝地质剖面图

在咸丰马河坝汤家沟省道旁可见寒武系与奥陶系断层接触,断裂倾向300°、倾角70°(图2-1-31,图2-1-32)。出露的断面光滑,呈波状起伏,波脊倾伏向40°、倾伏角45°。根据波形指示,断裂上盘(北西盘)向北东方向斜冲。宽5m左右的破碎带中断层角砾岩固结坚硬,且被一组平行断面的剪切面剪切再破裂。片理化构造岩发育,片理产状与断面一致。在断裂北西盘奥陶纪灰岩中发育两组密集节理:一组与层面平行,倾向285°、倾角28°;另一组与层面垂直,倾向30°、倾角近直立。两组节理呈网格状,充填方解石脉。咸丰河在此处还出现跌水,河水由北西向南东流,在此落差约1.2m(图2-1-33)。

在咸丰龙洞湾(N29°46′9.4″,E109°16′2.2″),断裂发育于寒武系中,表现为一组剪切滑动面密集带(图2-1-34、图2-1-35),滑动面倾向325°、倾角80°。地表呈张裂状,裂缝中充填的现代残坡积黏土未见任何变动迹象。地貌上,断裂西侧为山沟,沟谷走向与断裂平行。

图2-1-31 咸丰断裂马河坝汤家沟露头照片(镜向:15°)

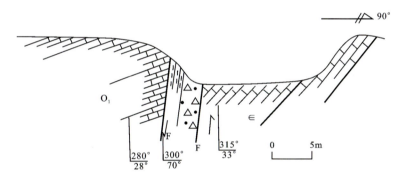

O_1.早奥陶世灰岩;∈.寒武纪白云质灰岩;F.断层。

图2-1-32 咸丰断裂汤家沟一带地质剖面图

图2-1-33 咸丰断裂导致咸丰河跌水现象(镜向:315°)

 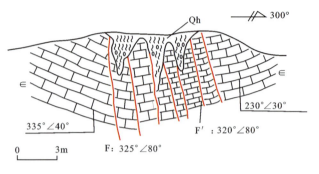

图 2-1-34 咸丰断裂龙洞湾
露头照片(镜向:220°)

Qh. 全新世残坡积充填;∈. 寒武纪白云质灰岩。

图 2-1-35 咸丰断裂龙洞湾一带地质剖面图

断裂在咸丰大田坝有较好的出露。它发育在奥陶系与志留系之间,断面产状为 40°/SE∠68°。上覆中更新世褐红色残积黏土,没有被断裂错动(图 2-1-36)。

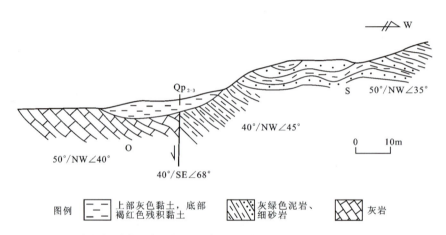

图 2-1-36 咸丰断裂咸丰大田坝西侧断层地质剖面图(据中国地震局地质研究所,2004)

综上所述,咸丰断裂形成于燕山期,在喜马拉雅期又发生了多次活动,早期为右行剪切兼压扭性,后期显张性兼左行剪切性。新构造期以来的活动主要表现在以下 4 个方面。

(1)沿断裂带分布有断层三角面、断层崖、断块山和断裂峡谷,断裂地貌显示清楚。

(2)断裂对咸丰河有相当强的控制作用,不但使咸丰河沿断裂方向发育,且多条支流被断裂牵引,显左行扭动。

(3)断裂在宣恩桐子营一带切割红层,在滑动面上有新鲜擦痕。

(4)在盐池坳断裂破碎带采集构造岩进行年代测试,TL法和ESR法测得断裂的最新活动年龄分别为 (43.7±30.6) 万 a 和 (21.38±6.41) 万 a(湖北省地震局,1990),说明断裂在中更新世时期仍有活动。

然而,断裂沿线地震活动较弱,历史上没有发生 3.0 级以上地震,仅有过 2 次 3.0 级以下地震发生。断裂沿线亦没有发现晚更新世以来沉积、堆积层中的明显变形或位错迹象。

因此,从地质、地貌特征,结合断裂构造岩最新活动断代资料判定,咸丰断裂带属中更新世断裂。

十二、来凤西断裂(F_{24})

来凤西断裂北起板栗园,向西南经红花岭、油房沟、旧司,然后进入四川省,约长80km。断裂西侧发育古生代地层,东侧分布中生代盆地,断裂成为二者的分界线。北段断裂地貌不明显;南段线性地貌清楚,表现为断层谷。断层三角面发育,并对来凤盆地的形成有明显的控制作用。

断裂在来凤红花岭有较好的出露,发育在志留纪地层中。其中一条断层(f_1)由胶结较紧的挤压破碎岩组成,厚约4.5m,产状为40°/SE∠70°;另一条断层(f_2)破碎岩厚2m,走向30°,断面垂直,具挤压逆冲运动性质(图2-1-37、图2-1-38)。

图 2-1-37 来凤西断裂来凤红花岭露头照片(镜向:310°)

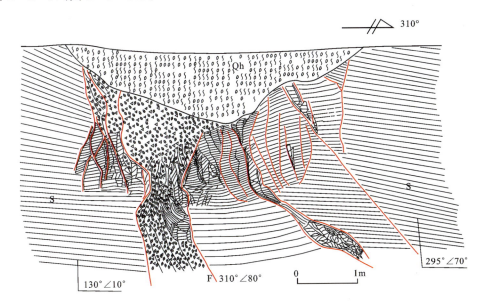

S.志留纪页岩;Qh.全新世黏土。

图 2-1-38 来凤西断裂来凤红花岭地质剖面图

(据中国地震局地质研究所,2004)

向东于桃花车东,另一条次级断裂出露清楚。断裂发育在下志留统中,断层岩带宽13m,由粉碎岩、半胶结碎裂岩、角砾岩、破碎岩等组成。产状为50°/SE∠75°(图2-1-39),上覆中更新世残积红层,没有受断裂活动影响。

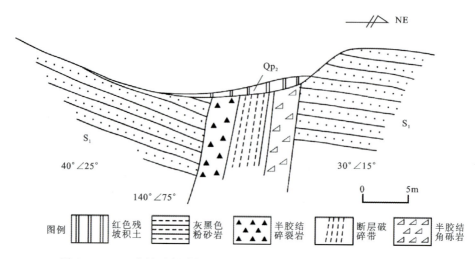

图 2-1-39 来凤西断裂桃花车东剖面（据中国地震局地质研究所，2004）

在来凤县城西南土堡水泥厂北约500m处一采石场（29.503°N，109.394°E），断裂发育于白垩系中。白垩系岩性为砖红色中厚层含钙泥质粉砂岩、粉砂质黏土岩、细砂岩。断裂走向50°，倾向北东，主断面倾角约80°。断层破碎带宽约8m（图2-1-40、图2-1-41），分为两部分：构造岩带西侧由碎裂岩、角砾岩组成，宽3~4m；构造岩带东侧为揉皱带，宽4~5m，带内揉皱十分发育，可见灰白色、灰绿色泥质标志带。断裂两侧地貌差异显著，南东侧为来凤盆地边缘的河流阶地，北西侧为低山丘陵。

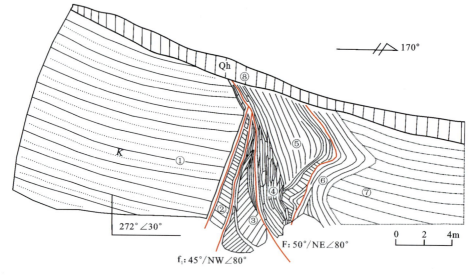

①白垩纪（K）砖红色中厚层含钙泥质粉砂岩、粉砂质黏土岩、细砂岩，岩层产状为272°∠30°，往西北产状变陡；②、③断层破碎带中透镜体，还保留较完整的岩层，两者的产状在断裂运动中遭到扭曲变形；④胶结的片块状碎裂岩、角砾岩，可见发育直立的片理，较松散，带宽3~4m；⑤、⑥揉皱带，带宽4~5m；⑦坡积物覆盖区；⑧断层上覆全新世坡积物，其未被断裂错断，也未产生变形。

图 2-1-40 来凤西断裂来凤县城西南土堡水泥厂北地质剖面图

图 2-1-41　来凤县城西南土堡水泥厂北断层露头照片（镜向：NE）

综合地质地貌特征和前人研究成果，判定来凤西断裂属早更新世断裂。

十三、新场-古老背断裂（F_{27}）

据《1∶20 万宜昌幅区域地质图》，宜昌市东侧土门、新场一带有一系列短小的正断层。它们发育于宜昌单斜内，切割白垩系—古近系。湖北省地震局实施的 1979 年随县贾家湾工业爆破和 1988 年长江三峡 SX8811 工程的人工地震测探成果，揭示了土门上地壳断裂带的存在，并推测延伸到古老背，即为新场-古老背断裂。人工地震测深证实其切割上地壳，并局部切至中地壳顶部。由于该断裂在新生代多期活动，因此在江汉盆地发展过程中，古近纪、新近纪和更新世盆缘大致约束于此。据地表地质调查，北东向新场-古老背断裂宽度约 4km，呈现左行右阶的雁列特征，新场一带断面倾向南东，黄龙寺、芦演冲等地倾向北西，故亦具倾滑堑状结构。

1995 年宜昌长江公路大桥建设时，在黄龙寺机场北侧宜黄高速公路旁开挖剖面中发现北东向断裂发育（图 2-1-42），属新场-古老背断裂组成部分。从图 2-1-42 中可以看出断裂具有如下 4 个方面的特征。

（1）古近系分水岭组（Ef）与早更新世地层呈断层接触，极为清晰，断层走向 30°，倾向北西。断面上部倾角 80°，下部约 60°，呈向北西弯曲的弧面。片理化断层泥宽约 3cm。古近系受断层牵引而反向北倾，为剪切倾滑断层。

（2）断层微地貌陡坎鲜明。南东盘高程 200～225m，并且向坎缘翘起；北西盘高程 160～170m，并向坎底倾斜。上、下盘古近系之上均覆盖下—中更新统云池组和善溪窑组。这一陡坎地貌呈弧形向北东-南西方向延伸约 5km。

(3)断层泥采样鉴定(SEM)表明,石英颗粒80%为次贝壳状结构,20%为橘皮状、苔藓状结构。石英颗粒呈次棱角状,并残留有擦痕、贝壳状断口、楔形坎、"V"形坎等。判定为更新世断层,具黏滑运动特征。

(4)倾滑断距问题。据断层直接错断的下更新统底界面层位,倾滑断距约8m;但从构造地貌陡坎和两盘均为中更新统覆于下更新统之上的层序关系看,推测其多条断层的更新世总倾滑断距可能达65m。

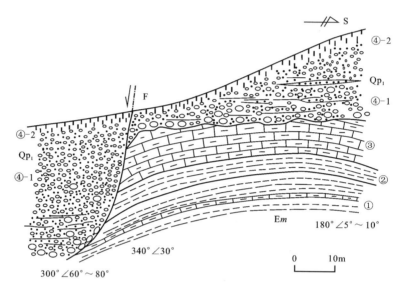

①灰绿色黏土层,夹薄层泥灰岩,厚3m;②土红色黏土层,厚3~4m;③灰白色钙质泥岩,厚5~7m;④-1灰黄色泥砾层,风化程度较高;④-2顶部的棕红色黏土层。

图2-1-42 黄龙寺机场北侧黄宜高速公路旁开挖出的地质剖面
(据甘家思和刘锁旺,1995)

综合地质地貌特征和前人研究成果,判定新场-古老背断裂为早中更新世断裂。

十四、枝江断裂(F_{28})

枝江断裂又称问安寺断裂,为枝江凹陷与江陵凹陷的边界控制性断裂。由半月寺向南经问安,在枝江过长江后至松滋老城西侧。总体走向30°,呈反"S"形展布。主断面倾向南东,倾角较陡,构成枝江凹陷西缘边界,全长大于45km。

收集的物探资料证实,上断点涉及古近系顶部,北西盘上白垩统和古近系已裸露地表,而南东盘则深埋在300~500m以下,最大断差达4000m。断裂东侧新近系厚100~500m,西侧普遍小于100m,或缺失。第四纪时期,沮漳河下游沉降廊道西缘受断裂控制,向西一侧中、上更新统组成高程65~100m的高岗地、垄岗,并被晚更新世以来发育的北西向、北北西向次级水系和沟谷切割;东盘则相对下降,形成一系列湖泊(西湖、陶家湖和单家湖等)和湿地,高程(40±5)m,第四系明显增厚至100m以上。

针对该断裂,湖北省地震局在问安镇一带布设了 4 条高密度电法测线和一条浅层地震反射法测线(图 2-1-43),其中 ZJDF1 测线、ZJDF2 测线、ZJDF3 测线和 DZ01 测线均有异常出现,其高密度电法视电阻率反演成果图及地质解析如下。

图 2-1-43　枝江断裂测线布置图

(1)ZJDF1 测线:本测线位于枝江市新草埠村附近,沮漳河北侧岸边,地形相对平坦,由南东往北西方向布置,长度为 3890m,有效探测深度约为 90m(图 2-1-44)。前期地质资料显示,表层主要是黏土及粉质黏土等,在反演断面上呈现相对低阻反映,视电阻率低于 30Ω·m,深度在 17~26m 之间变化。下部地层在距离起点 1700m 处视电阻率断面出现明显变化:0~1700m 段整体视电阻率较高,在 50~200Ω·m 之间,推测为卵石层;而 1700~3890m 段整体视电阻率较低,在 30~80Ω·m 之间,推测为砂卵石层。推测此处存在断层,因前期错断,导致物性存在差异,表现为视电阻率横向不均匀,卵石层较为干燥,视电阻率高。砂卵石层含水丰富,导致视电阻率降低。

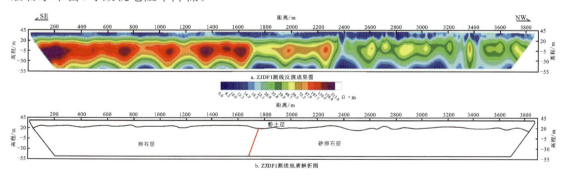

图 2-1-44　ZJDF1 测线高密度电法视电阻率反演成果图及地质解析图

(2)ZJDF2 测线:本测线位于枝江市问安镇赵家桥附近,地形相对平坦,由南东往北西方向布置,长度为1190m,有效探测深度约为90m(图2-1-45)。前期地质资料显示,表层主要是黏土及粉质黏土等,在反演断面上呈现相对低阻反映,视电阻率低于25Ω·m,深度在20~30m之间变化。下部地层距离起点900m处视电阻率断面出现明显变化:0~900m段整体视电阻率较高,在30~100Ω·m之间,推测为卵石层;而900~1190m段整体视电阻率较低,在25~50Ω·m之间,推测为砂卵石层。推测此处存在断层,因前期错断,导致物性存在差异,表现为视电阻率横向不均匀,卵石层较为干燥,视电阻率高。砂卵石层含水丰富,导致视电阻率降低。

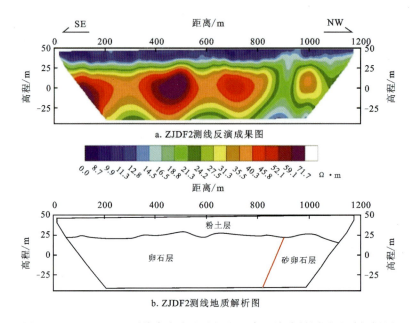

图2-1-45 ZJDF2测线高密度电法视电阻率反演成果图及地质解析图

(3)ZJDF3 测线:本测线位于枝江市问安镇谢家坪村附近,地形相对平坦,由东往西方向布置,中间因水泥路面硬化,无法布设电极,故分两段测量,长度分别为1790m和590m,有效探测深度约为90m(图2-1-46)。前期地质资料显示,表层主要是黏土及粉质黏土等,在反演断面上呈现相对低阻反映,视电阻率低于25Ω·m,深度在16~40m之间变化。下部地层距离起点950m处视电阻率断面出现明显变化:0~950m段整体视电阻率较高,在30~120Ω·m之间,推测为卵石层;而950~1790m段及ZJDF3-1测线整体视电阻率较低,在25~60Ω·m之间,推测为砂卵石层。推测此处存在断层,因前期错断,导致物性存在差异,表现为视电阻率横向不均匀,卵石层较为干燥,视电阻率高。砂卵石层含水丰富,导致视电阻率降低。

(4)DZ01 测线:本测线位于枝江市新草埠村附近,沮漳河北侧岸边,地形相对平坦,由南东往北西方向布置,长度为2224m,偏移距为48m,道间距为2m,采样间隔为0.125ms,记录时间为300ms(图2-1-47)。从浅层地震反射波法成果图可以看出,测线所在剖面下部有

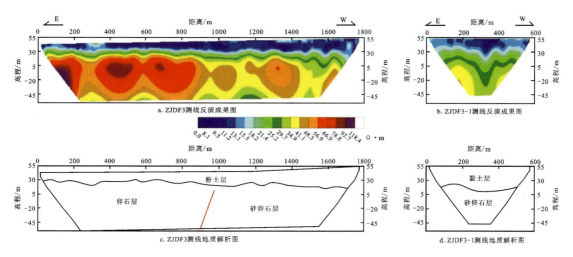

图2-1-46 ZJDF3测线高密度电法视电阻率反演成果图及地质解析图

多个较强的反射波组,形成较为连续的同相轴。根据同相轴特征,剖面下部较为明显的反射分界面有3个,分别命名为T_1、T_2和T_3。T_1界面同相轴连续,反射能量较强,未出现明显错断,其位于为75ms。T_2反射界面时间轴上约100ms处,整体起伏平稳,但该界面在测线1650m处出现错断,并在1650~2200m之间出现同相轴(T_3界面)增多的现象,推测该处存在疑似断层,时间轴上断开约10ms。

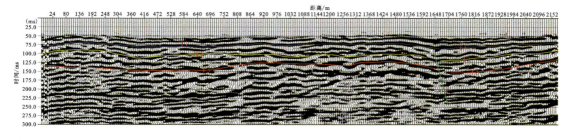

图2-1-47 DZ01测线浅层地震反射波法成果图

高密度电法视电阻率反演成果图、浅层地震反射波法成果图及地质解析图分析结果表明:断裂切割问安镇东侧的中更新统,未切割枝江问安镇东侧的上更新统。1351年枝江北一带的4¾级地震可能与该断裂的活动有联系。

综合地质地貌特征和前人研究成果,判定枝江断裂为早中更新世断裂。

十五、万城断裂(F_{29})

万城断裂北起自川店北,经马山、万城、复兴场东,止于松滋磨盘洲,全长45km,走向10°~30°,倾向东,视倾角45°。断裂切割白垩系—古近系和前白垩纪基底岩系,白垩系底板断差达3000m,为古近纪江陵凹陷内低凸起带和凹陷带之间的次级剪张性断裂构造(图2-1-48),

其北端与半月寺-洪湖断裂带相交,南端终止于北北东向纸厂河隐伏低凸起北端部。该断裂隐伏于河湖低平原—沼泽地之下。

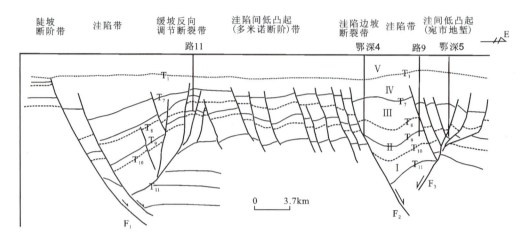

Ⅰ~Ⅳ.白垩系—古近系;Ⅴ.新近系—第四系;F_1.枝江断裂(问安寺断裂);F_2.万城断裂;F_3.弥陀寺断裂

图2-1-48 江陵凹陷松滋西—宛市东西向地震勘探地质解释剖面

(据冯年忠等,2006)

据江汉油田资料(夏胜梅等,2003),新近系—第四系底板在断裂东、西两侧差异鲜明,东高西低,并且万城断裂上端部位新近系—第四系的底界面缺乏层状反射信号,与其东、西两侧鲜明的界面信号相比,显得微弱而有些紊乱,因此可判定为松软岩层中断层破裂所致。

为了探索万城断裂的活动性,在国道万城镇北马山桃花湾村布设了3条高密度电法勘探剖面,DF2测线图像最具代表性(图2-1-49)。结果表明:万城断裂低阻带所揭示的断层破碎带上覆第四系下段的沉积层具有明显增厚充填堆积的现象,似乎与更新世断层活动有关。

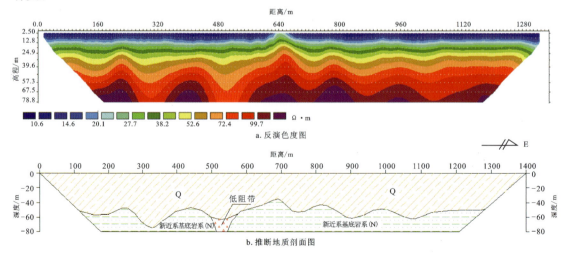

图2-1-49 DF2测线视电阻率反演色度图及推断地质剖面图

此外，万城断裂展布地段新近系、第四系等厚线走向北北东和两侧厚度差异变化，显示了分异作用。自1968年以来，断裂展布地段先后发生 M_L 2.0~3.2级小震4次。

综合地质地貌特征和前人研究成果，综合判定万城断裂为早更新世断裂。

十六、太阳山断裂(F_{30})

该断裂发育在常德至澧县间的太阳山断块内，自西而东分别为临澧-河洑断层、太阳山纵谷断层和常德-安乡断层。在构造地貌上，太阳山的丘陵带呈南北向展布，长约60km，宽约15km，构成显著地貌反差。其主要特征是狭长的丘陵带成雁行排列，并向南西翘起。断裂早期是板溪变质杂岩推覆体前缘的一组剪切带，杂岩带和震旦系依次推掩于寒武系之上。喜马拉雅期，随着洞庭盆地的不同对称扩张，东断裂左旋位错量增大，断裂的倾滑分量最大达3000~4000m，同时沿太阳山地垒中部被拉开成为年轻的纵谷断层。西缘临澧—河洑一线亦断陷成狭长槽地。第四纪，安乡凹陷堆积厚度250m，临澧狭槽第四系厚度150m，而纵谷中发育着中、晚更新世的堆积物和一系列横向隆起和横向断层，在地貌上被裂解的山体（太阳山、凤凰山、阮山等）依次呈南仰北俯之势，高程相应由560m、378m递降到252m，并潜入新地层之下。调查表明：在肖伍铺南北一线多处发现断裂逆断中更新世网纹红土。断裂测年结果为13.14万a(TL法)，表明该断裂在中更新世和晚更新世早期均发生过黏滑活动。迄今该断裂上已发生破坏性地震8次，其中最大为1631年常德、澧县间的6¾级地震。

该断裂以断裂带的形式分布于洞庭湖坳陷西部太阳山地区，在太阳山东、西两侧和中部由岗市-河洑、拾柴坡、肖伍铺、仙峰峪、杨坡冲和尺马山共6条主要地表断裂组成。

(1)岗市-河洑断裂。位于太阳山西侧，走向10°~20°，倾向北西，长约16km，主要发育于寒武纪泥灰岩中。据断裂对地貌的切错和新地层的覆盖关系以及断层物质测年结果等，推断断裂最新活动时代为中更新世早—中期。

(2)拾柴坡断裂。出露于太阳山西麓震旦纪与寒武纪地层之间，走向北北东，倾向北西西，长约5km。据断裂物质和覆盖层测年资料，推断它是前第四纪断裂。

(3)肖伍铺断裂。沿大龙站谷地的东缘分布，断层西侧为大龙站谷地，东侧是海拔为95m左右的台地。断层长12.5km，走向15°左右。

据肖伍铺乡东侧一个该断层的地质剖面，古近纪紫红色含砾粉砂岩、黏土岩由北东向南西逆冲于中更新世砾石层上，断层面波状起伏，断层面附近黏土岩呈致密状。断层垂直断距在6.5m左右。中更新统之上覆盖一层厚0.5~1.0m，含植物根系的棕红色黏土，其TL法年龄为1.31万a，未见其被断层错断（图2-1-50）。

在肖伍铺乡东北5km桅子湾村东，从沿地貌陡坎前缘开挖的探槽剖面获得了断错中更新世晚期地层的证据（图2-1-51）。探槽地质剖面显示，断层带宽约0.6m，走向25°，倾向南东，倾角30°，表现为逆断性质。断层带内紫红色黏土破碎，黏土角砾表面被磨光成镜面状，新鲜断面有微弱的油脂光泽，靠近断层带处的砾石沿断层排列，砾石表面也被摩擦得十分光滑。探槽开挖结果表明，该断裂断错了中更新世晚期地层，但根据野外实地露头点观测，发现断裂活动没有断错图2-1-51中年龄为(8.1±0.7)万a的地层。

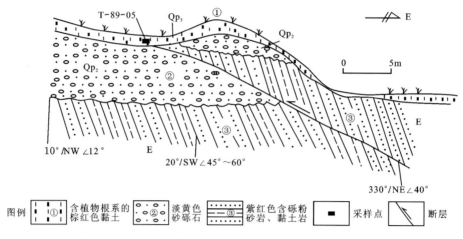

图2-1-50 肖伍铺乡东断裂地质剖面图(据沈得秀等,2008)

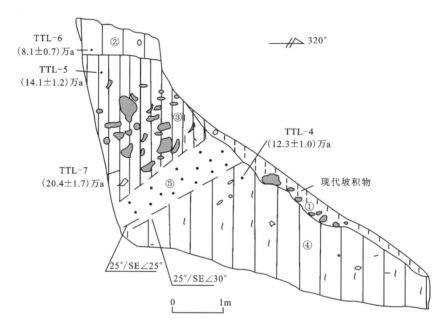

①现代坡积砂土夹砾石堆积;②褐红色砂质黏土,底部采集测年样品TTL-6;③浅紫红色黏土夹大砾石层,含少量网纹结构,顶部采集测年样品TTL-5,底部采集测年样品TTL-7;④浅紫红色含少量网纹结构的黏土,夹少量小砾石;⑤紫红色破碎的黏土,几乎为灰白色。

图2-1-51 肖伍铺乡栀子湾探槽剖面图(据沈得秀等,2008)

断裂上盘的地层为浅紫红色黏土粗砾石层,该层顶部堆积物的TL法年龄为(14.1±1.2)万a,下部地层的TL法年龄为(20.4±1.7)万a;下盘为浅紫红色黏土带少量网纹,顶部地层的TL法年龄为(12.3±1.0)万a,说明断裂在该处至少断错了距今12万a前后的地层。断裂上盘顶部有厚约0.8m的褐红色砂质黏土,该层底部砂质黏土的TL法年龄为(8.1±0.7)万a。

综上所述,肖伍铺断裂发育在凤凰山掀斜凸起南部高台地的前缘,西侧为大龙站谷地,线性地貌较清楚;肖伍铺断裂对水系发育的影响表明其对局部水系发育有控制作用;探槽开挖结果表明,该断裂错断了中更新世晚期地层。据此推断肖伍铺断裂的最新活动时代在12万~8万a之间,为一条中更新世晚期至晚更新世早期有活动的断裂。

(4)仙峰峪断裂。位于太阳山东侧,发育于元古宙变质岩中,走向北北东,倾向南东东,长约23km,为前第四纪断裂。

(5)杨坡冲断裂。位于凤凰山区,走向北北东,倾向南东东,长约6.5km,为前第四纪断裂。

(6)尺马山断裂。位于临澧到津市的公路旁,发育于震旦纪灰岩中,走向北北东,倾向北西,倾角60°~80°,长约3km。断裂上覆的坡积砂土和砾石层无变形,此层底部TL法测年结果为(8.66 ± 0.74)万a。在太阳山地区发生过1631年$6\frac{3}{4}$级地震及3次$4\frac{3}{4}$~$5\frac{3}{4}$级地震。综合分析,该断裂的最新活动时代为第四纪早、中更新世。

综合判定太阳山断裂部分为早中更新世断裂,部分为晚更新世活动断裂。

十七、渔洋关断裂（F_{33}）

渔洋关断裂西起五峰观音岩,经渔洋关、全福河、毛塪河,在当湾以西的刘家脑消失于寒武纪地层中,总体走向近东西,在渔洋关以西为北东东向,全长约52km。

在汉阳河桥南侧,断裂发育在下奥陶统南津关组灰岩中,断面倾向160°,倾角75°。由糜棱岩组成的断层破碎带宽仅10cm左右,胶结坚硬,地貌上没有特殊显示,穿越断裂的汉阳河没有异常变形迹象(图2-1-52)。

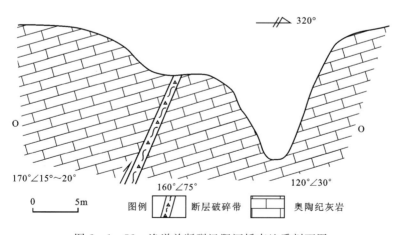

图2-1-52 渔洋关断裂汉阳河桥南地质剖面图

在王家冲,断裂基本沿王家冲沟槽发育,沟槽宽200~300m,沟槽西侧早奥陶世灰岩与晚志留世页岩呈断裂接触(图2-1-53),断裂地貌明显。在主干断裂北侧,3~4条平行主断面的小断层并排发育,形成宽20m左右的破碎带,带内挤压透镜体、挤压劈理发育。由劈理与断面关系显示,断裂逆冲性质明显。

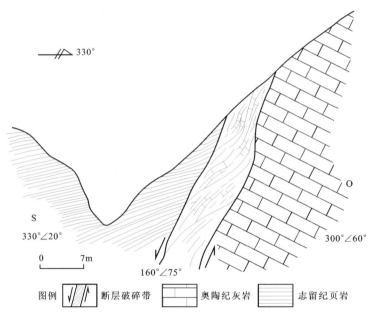

图 2-1-53 渔洋关断裂王家冲地质剖面图

在曾家湾，断裂倾向 190°，倾角 45°，早志留世页岩与早奥陶世灰岩呈断层接触。南盘由灰岩形成的断层陡崖高达 30m。断层破碎带主要由一系列挤压揉皱带组成，宽 15m 左右（图 2-1-54）。

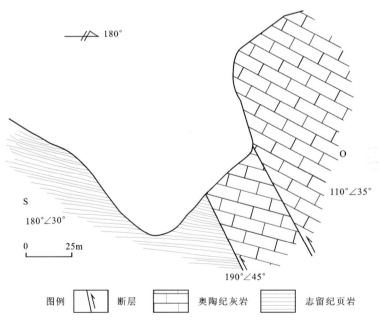

图 2-1-54 渔洋关断裂曾家湾地质剖面图

在渔洋关—全福河之间的分水岭一带,断裂的逆冲错动,造成下奥陶统推覆在中奥陶统之上,而平行的分支断裂又使中奥陶统推覆在下志留统之上(图2-1-55)。断裂强烈的逆冲错动,使断裂两侧地层陡倾甚至发生倒转。宽数米的破碎带由挤压构造、角砾岩、糜棱岩组成,胶结坚硬。

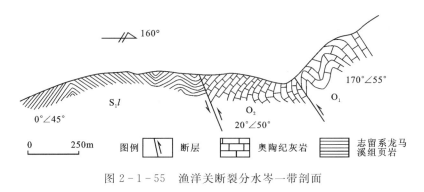

图2-1-55 渔洋关断裂分水岭一带剖面

综合地质地貌特征和前人研究成果,判定渔洋关断裂为前第四纪断裂。

十八、九畹溪断裂(F_{35})

九畹溪断裂位于黄陵背斜西南侧,实为北北西向仙女山断裂带北段次级分支断层,南起和尚崖东坡周家湾,向北于新滩下游3km路口子处横过长江,至屈原镇北一带消失,构成仙女山地堑东侧边界,长约32km。断裂走向近南北,总体倾向西,倾角65°～80°,切割寒武系至志留系。主断裂和构造岩内部结构在各段有不同表现。在周坪界垭口,断裂发育在早志留世灰绿色页岩、砂岩与中—晚奥陶世黑色硅质碳质页岩、结核状泥质灰岩之间,断面呈波状弯曲,大量方解石脉和碎裂岩镶嵌在"Z"字形裂面的"阶区"之内(图2-1-56)。方解石脉和碎裂岩又遭受到切割、变形,残留有明显的线性擦痕(侧伏角30°)和30°～60°的一组张性节理(T_j),表明断裂有一期西盘相对北移的右旋剪切活动。

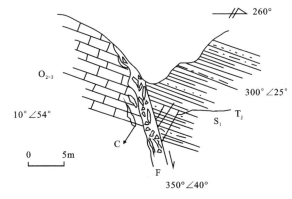

S_1.下志留统;O_{2-3}.中—上奥陶统;F.主断裂;C.方解石脉;T_j.张性节理

图2-1-56 周坪界垭口九畹溪断裂地质剖面图

在九畹溪注入长江的九畹溪桥(永安桥)一带,由3条平行的分支断裂组成宽度约60m的断裂带。其中,F_1、F_2走向345°~360°,倾向北东(东),倾角60°~75°,切割寒武系至志留系。F_3发育在寒武系与奥陶系之间,走向360°,倾向东(图2-1-57)。断裂带的构造岩由断层角砾岩和粗粒碎裂岩组成,带内充填大量方解石脉。有意义的是,F_3被一组走向近南北、倾向东、倾角极缓(约30°)的晚期滑动带(图2-1-57中的f)切割,导致下寒武统覆盖于部分奥陶系之上。现场观察表明,这可能是由于F_3临近九畹溪陡峭的左岸边坡,f产生重力滑动,而非有关资料所述的逆冲断裂。

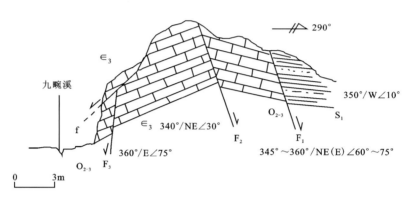

S_1.下志留统;O_{2-3}.中—上奥陶统;ϵ_3.上寒武统;F_1~F_3.分支断裂;f.重力滑动带。

图2-1-57 九畹溪桥(原永安桥)一带九畹溪断裂地质剖面图

地貌上该断裂沿线多呈负向沟谷或狭窄的河谷,两侧具有50~200m的反差幅度。大量断裂物质测年(武汉地震工程研究院,1986;袁登维等,1996)结果集中于中更新世中晚期。作为仙女山地垒东侧边界断裂,该断裂具有与仙女山断裂带同期活动的特点。在该断裂与仙女山断裂带之间,1972年曾发生M_s3.0级地震,2014年发生M4.9级、M4.7级地震。

在北北西向仙女山断裂带北段及其低序次北北东向九畹溪断裂沿线,发育一系列深邃的断层峡谷,第四纪古滑坡、岩崩危岩体密集,规模宏大,尤以老林河以北至新滩广家崖长达30km的南北地带上居多,约15处,其中以杨家岭狮子崖古滑坡体、链子崖危岩体、新滩滑坡群更为典型,体积均在3000万m^3以上。九畹溪张家坡滑坡可能是古地震滑坡。

据现场调查,界垭地区杨家岭狮子崖古滑坡体为其南东方向张家坡滑坡群的前缘,前后跨度5~6.5km,高程由1500m降至300~450m;九畹溪至张家坡上缘后槽约占整个滑坡展布范围的$\frac{3}{4}$,九畹溪左岸狮子崖至杨家岭前缘约占$\frac{1}{4}$(图2-1-58)。

从杨家岭公路旁所见的开拓剖面看,九畹溪右岸滑坡体无疑具有自左岸南东方向下滑,而在右岸反向上冲逆掩的变形特征,现将此剖面详述如下(图2-1-59)。

(1)仙女山东南麓土红色坡积物,原岩为早白垩世(K_1)红层,黏土、砾块参差,粒径小至几厘米,大者可达5m,或更大的崩积红层岩块,但它们均覆于志留纪灰黄色泥质页岩或砂岩之上。

第二章 湖北省主要断裂活动特征

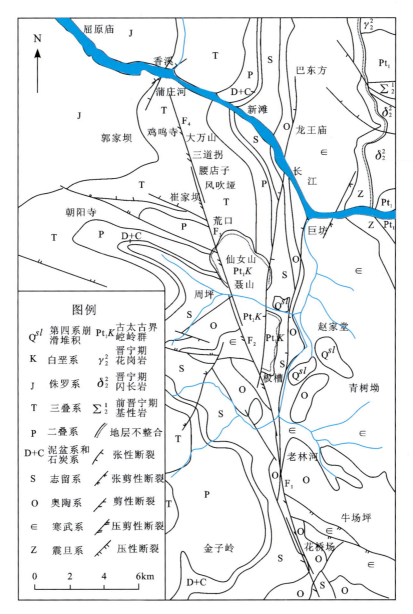

图 2-1-58 仙女山断裂带北段九畹溪张家坡至界垭疑似古地震遗迹图

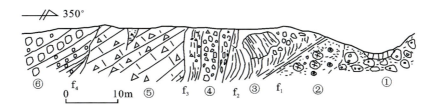

①红色坡积物；②土红色黏土、岩砾堆积体；③杂乱堆积体；④块状破裂体；⑤白云质灰岩；⑥黑色灰色碎砾层。

图 2-1-59 九畹溪张家坡滑坡前缘杨家岭地质剖面图

(2) 土红色至杂色黏土、岩砾堆积体,含大量的白云质灰岩岩砾,大者粒径可达 50～60cm,亦有较少红层小砾块。

(3) 原岩为志留纪的灰黄色、灰绿色杂乱堆积,其具沿 f_1 掩冲面定向排列片理特征。沿此面上、下黄色粉状层厚约 30cm,混杂堆积上部有较大志留系岩块。裂面呈帚状,倾向北西。靠近冲断面 f_2 处,出现志留系碎砾与岩粉混杂的透镜体。

(4) 白云质灰岩碎砾被钙质胶结而成为块状破裂体,裂面近直立,与 f_1、f_2、f_3 同样倾向南,碎砾较小,粒径通常在 1～10cm 之间。

(5) 较完整的白云质灰岩块体,裂面似层状,倾南东,倾角 35°～40°,其中胶结的碎砾较大,粒径通常在 10～20cm 之间。

(6) 黑色灰岩碎砾层,胶结较差,碎砾粒径通常在 30～80cm 之间,裂隙发育,且被棕黄色泥质条带广泛充填。

该剖面清晰地显示了滑坡体前缘铲刮古地面形成的混杂堆积、逆掩滑动和冲断挤压等剩余形变。据刘锁旺(1983)在相当本剖面②顶层采 4 个样的鉴定结果,^{14}C 年龄平均值为 $(30\,000\pm1100)a$,故此推断本次古滑坡为晚更新世末期的大型滑坡事件。值得注意的是,尽管目前不能证实张家坡超远距离滑坡由地震触发,但至少也是与断裂活动相关的新构造现象。

综合地质地貌特征和前人研究成果,判定九畹溪断裂为早中更新世断裂。

十九、通海口断裂(F_{38})

通海口断裂切割白垩系下伏诸地层,走向北北东,全长约 50km,构成喜马拉雅期通海口断凸东西边界构造,分隔沔阳凹陷与潜江凹陷。其西缘断层具有鲜明的铲式生长特征,白垩系—古近系断距达 5000m;东缘断层较陡,倾角约 70°,断距为 1000m。根据新近系底板等深线可知,尽管新近纪潜江凹陷轴向北西,但通海口断裂与沙湖-湘阴断裂之间的等深线具有北东走向特征,构成向北西沉积增厚的箕状形态。因此,它暗示了通海口断裂起一定的同沉积控制作用。第四纪,江汉盆地沉积中心迁移至仙桃-洪湖交界的通海口—曹市一带,暗示了该断凸明显下降的特征。浅层地震勘探表明:断裂切割新近系和下更新统底部层位,西倾正断距 18m(中国地震局地质研究所,2006)。1630 年 10 月 14 日通海口东邻的旧沔城 5 级地震和 1470 年 1 月 17 日沔阳一带 5 级地震。

为查明该断裂往南延伸情况及其活动性,中国地震局地质研究所(2006)在其可能通过的位置布置了两条北西向测线,结果仅在 HT2 测线上发现了 1 个断点异常。其特征如下:HT-2 测线 T_1、T_2、T_4 相位连续稳定,未见任何断点异常,但 T_g 相位在 166 号 CDP 附近出现断错异常(图 2-1-60),呈西低东高特征,落差达 18ms,推测该异常点由断点 F_{19} 引起,具西倾正断性质,断距约 18m,其上断点深度约为 348m。结合地质资料分析,该断裂断错的最新地层为新近系和下更新统底部地层。

综合地质地貌特征和前人研究成果,判定通海口断裂为早中更新世断裂。

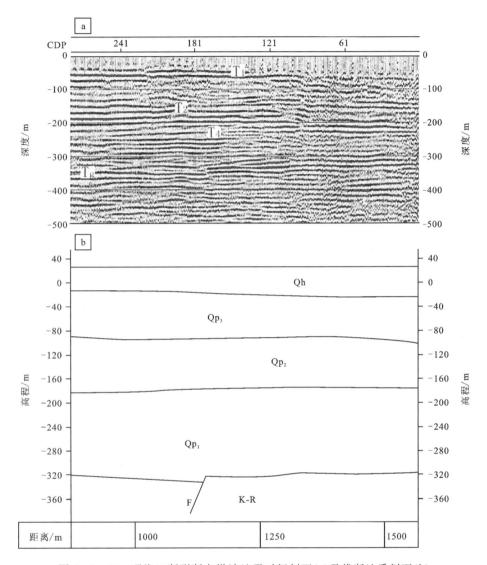

图 2-1-60　通海口断裂断点纵波地震时间剖面(a)及推断地质剖面(b)
(据中国地震局地质研究所,2006)

二十、潜北断裂(F_{41})

潜北断裂是鄂中盆岭带与江汉-洞庭盆地构造边界,西南起自鲁家店,呈 50°～60°方向延伸,经钟祥市东延,被皂市断裂切截,全长约 120km。整条断裂均隐伏,但物探和钻探资料证明断裂确实存在。在重力和磁场上反映有北东向的线性异常或梯度。在地震反映上,有多级断阶,表明由一系列平行断层组成断裂带。断裂横截北西向大洪山褶皱带、汉水断裂及乐乡关地垒等老构造,造成潜江组与古生代地层直接接触,并控制潜江凹陷形成向南东倾斜的箕状特征,以及周矶、蚌湖、小板等局部凹陷沿断裂边缘发育。

综合分析已有的资料后认为,该断裂经历过如下演化阶段:①早白垩世末,它可能是一条断续延伸的逆左旋滑动带;②晚白垩世始,随着江汉盆地的强烈扩张,开始与鄂中构造带分离,南东下降盘接受巨厚的上白垩统—古近系沉积,具有同生性质,堆积速率较大,最大堆积厚度达9600m;③新近纪始,随着整个盆地的再度扩张,断裂沿线的同生倾滑作用,造成两侧的新近系有300~400m的反差厚度,其南侧最大厚度达800~1000m,第四系的反差厚度数十米至100m以上,南侧最大厚度250m,同时兼有较大的右旋位移,其中南盘走滑引张可能达到最大值。中更新世末期,北盘相对抬升,导致同期地层裸露地表,形成波状垄岗。1605年天门北5.0级地震和1630年天门-汉川间5.0级地震可能与该断裂活动相关。

综合地质地貌特征和前人研究成果,综合评定潜北断裂为早中更新世断裂。

二十一、大悟断裂(F_{45})

大悟断裂南自孝感小河,经阳坪、大悟县城、大新店、三里城,至河南涩港,总体走向15°~20°,倾向100°~110°,倾角50°~55°,全长逾62km。断裂大致循澴水等河流旁侧延伸。构造形迹大多为冲积层掩盖,但两侧构造线、地层等不连续及次级断层发育证实该断裂确实存在。

在大悟双桥、黑湖口等多处开挖剖面见到该断裂形迹。在双桥北公路西侧一建筑场地(N30°33′13.3″,E114°08′31.3″),断裂切割元古宙白云钠长片麻岩、白云石英片岩,断层面产状104°∠54°~124°∠54°。两断面间构造岩厚200cm,分成两个带:贴近下盘有厚50cm细小鳞片状挤压扁豆体,往上为大块(一般40cm×50cm)构造透镜体;断层磨光面呈波状,发育两期擦痕,早期擦沟近水平,略南倾;后期擦沟北倾(30°~40°)。综合断面、擦痕及发育的应变劈理判断,该断裂为右旋压剪性质(图2-1-61,图2-1-62)。由主断面往东至公路边发育有近10条同方向、同性质的小断层,在澴水西侧组成宽30m左右的断层破碎带(图2-1-63)。此外,在大悟城北黑湖口近东西向新开公路南、北两侧均见到大悟断裂通过,断面呈波状,产状105°∠78°、110°∠70°,压剪性质明显(图2-1-64)。

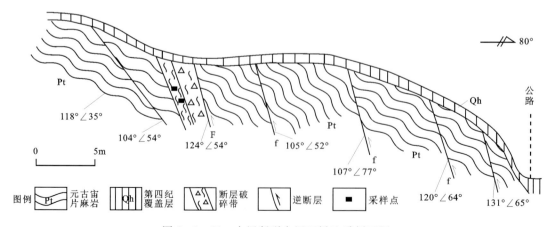

图2-1-61 大悟断裂大悟双桥地质剖面图

第二章 湖北省主要断裂活动特征

图 2-1-62 大悟断裂双桥主断面特征(镜向:95°)

图 2-1-63 大悟断裂双桥剖面露头照片
(镜向:55°)

图 2-1-64 大悟断裂大悟城北黑湖口剖面露头照片
(镜向:15°)

从断裂沿带实地考察,澴水河发育在大新店北,基本上受到断裂控制。澴水右(西)侧可见相对高度0.8m河漫滩和3~5m、5m和大于10m三级阶地,其中由全新世冲积层组成的Ⅰ级阶地宽广(500~600m),在断裂通过位置未发现阶地面异常或变形。同时在大悟城北双桥、黑湖口等剖面均未发现断裂切割上覆第四纪松散土层。

综合地质地貌特征和前人研究成果,判定大悟断裂为早更新世断裂。

二十二、刘隔断裂(F_{48})

刘隔断裂形成于燕山运动中晚期,可能是一组切割北西(北西西)向汉水-泗阳复向斜褶皱带的斜滑断裂。从白垩纪开始,断裂西盘开始强烈下降,相继堆积了厚达4000m的白垩纪至古近纪河湖相地层。

断裂控制了龙塞湖低凸起的东界,切割了前白垩纪下伏地层。古近纪断裂强烈活动,造成同沉积相关地层东薄西厚,差值达 1000～2000m。第四纪时期,断裂西盘继承性下降,形成诸如汈汊湖、中洲湖、沉湖等湖泊群。

在汉川南城隍庙布设的两条电法勘探剖面揭示了中、下更新统中存在低阻带,推测为断层破碎带(武汉地震工程研究院,2010)。勘探结果表明:两勘探剖面分别于测线 1 测点 1400m 和测线 2 测点 2400m 附近下伏高阻层中发育有楔入低阻带。依据相关钻孔地层分析,推测中、下更新统被断错破碎形成低阻条带。

综合地质地貌特征和前人研究成果,综合判定刘隔断裂属早中更新世断裂。

二十三、金口-谌家矶断裂(F_{50})

武汉长江大桥、二七长江大桥、武汉轨道交通四号线过江通道等一系列横跨长江的工程勘察均显示,长江近左岸处存在一顺江断裂,该断裂走向 30°,倾向北西,全长约 50km。

在其北段(龟山以北)西侧汉口为汉水三角洲河湖低平原,发育 1 级高漫滩阶地(T_1/Qh),高程 18～21m,上更新统—全新统堆积厚度 45～55m,下伏基岩顶面为中更新世风化剥蚀面(武汉水文地质与工程地质大队,1988)。东侧青山红钢城为丘岗—河湖低平原,发育 3 级阶地($T_1/Qh、T_2/Qp_3、T_3/Qp_2$),高程分别为 18～21m、22～25m、30～40m,呈现中更新世以来地貌面非对称发育。

在武汉市轨道交通二号线越江隧道勘察中的地震映像图(图 2-1-65)上可以看到,长江底下有许多断断续续的同相轴,显示第四系覆盖层内存在许多不同物理力学性质的土层。根据测区内的钻孔资料,这些同相轴是由粉细砂、中粗砂、卵砾石、风化岩等界面引起的。由于土层的声阻抗差异很小,在映像图上反映不明显。根据映像图上同相轴的不同特征,对主要土层进行划分和层位追踪,结合钻孔资料,地层大致可以分为 3 层:①粉细砂、中粗砂,最小厚度为 18.40m,最大厚度 40.5m,该层层底标高在 -32.0～-22.60m 之间;②卵砾石、强风化泥质粉砂岩、泥岩互层,较薄,近长江北岸厚 1.0～4.6m,近长江南岸则很薄,在 0.1～0.5m 之间;③微—中风化泥质粉砂岩、泥岩互层,基岩面最浅处标高约 -22.76m,最深处标高约 -36.60m。

在基岩波组中发现较为明显的绕射波且波组同相轴有分叉、合并、扭曲及强相位转换等现象,说明了基岩内有构造的存在。据地震映像图,综合钻探资料,推断为断层通过部位,位置在 AK11+779 处。

长江三峡勘测研究院有限公司(武汉)(2020)根据忠县-武汉输气管道钻孔联合剖面图揭露 3 条规模较大的断层,除此之外,在断面河段尚探测到其他部位有断层发育。下面根据钻孔资料,对线路断面处发育的 3 条较大规模的断层 $F_1、F_2、F_3$ 的工程地质特征予以叙述(图 2-1-66)。

F_1:由 ZKH6 钻孔揭露,分布孔深 10.00～19.50m,分布高程 42.30～32.80m,铅直厚度 9.50m,主断面位置及产状不清,构造岩为碎粉岩及角砾岩,岩质大部软弱,手捻即碎,遇水易软化,少部呈半坚硬状。结合地表地质调查资料,推测其产状走向约 50°,倾向北西,倾角

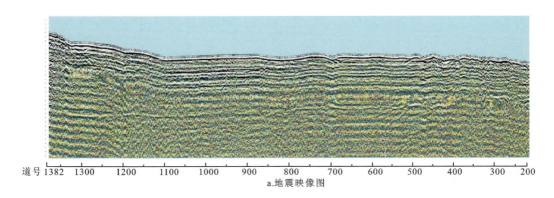

a. 地震映像图

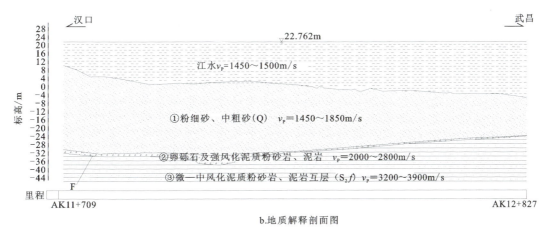

b. 地质解释剖面图

图 2-1-65　武汉轨道交通二号线越江隧道 A 线地震映像图及地质解释剖面图(L2)

(据中铁第四勘察设计院,2004)

$45°\sim50°$,为正断层,按此产状推算其宽度约 4m。断层上、下盘岩层岩性基本一致,均为灰黑色、灰绿色泥质粉砂岩夹细砂岩或夹粉砂质泥岩,但上、下盘岩层产状不一致,上盘岩层倾向 $0°\sim20°$,倾角 $7°\sim12°$,下盘岩层倾向 $30°\sim40°$,倾角 $30°\sim40°$。钻孔岩芯大部呈碎屑状及砂粒状,仅取出极少量原状样。塌孔较严重,压水试验十分困难。断层带构造岩岩质疏松、软弱,与围岩相比透水性较强,沿断层带可形成良好的渗透通道。

F_2:由 ZKH7 钻孔揭露,分布孔深 $27.40\sim37.85m$,高程 $-41.00\sim-30.55m$,铅直厚度 10.45m,无明显主断面,表现为平行分布的密集小断层,构造岩为角砾岩,胶结较紧密,以钙质胶结为主,角砾直径 $1\sim3mm$,形状不规则。断层带内岩体完整性较差,岩芯以短柱状为主,岩质较坚硬,断层角砾岩带与围岩分界不甚清晰。断层上、下盘岩体岩性一致,上盘岩层产状的倾角与江北岸边出露岩体产状基本一致,下盘岩体产状较凌乱。推测断层产状走向北东,倾向北西,倾角 $60°\sim70°$。据压水试验资料,其透水性与围岩相近,说明断层处于微风化带岩体中,钻孔揭露处断层带内断面及裂隙密闭性较好,但不能排除断层其他部位透水性强的可能。

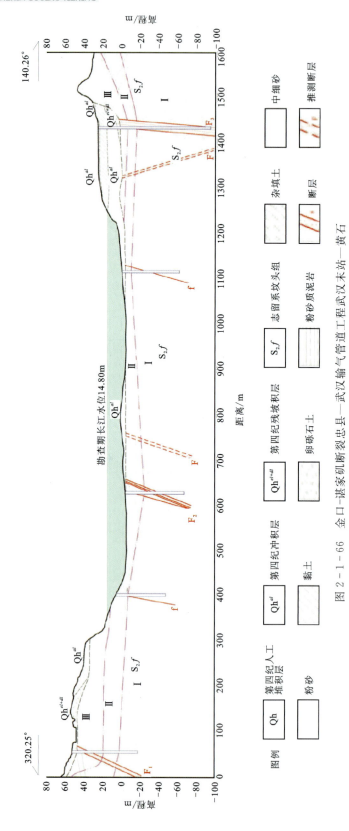

图 2-1-66 金口-谶家矶断裂忠县—武汉输气管道工程武汉末站—黄石支线长江穿越段牢山断面地质剖面图

F_3：由 ZKH10 钻孔揭露，分布孔深 23.40～120.07m(未揭穿)，高程 1.62～-95.05m，铅直厚度大于 96.67m，构造岩为糜棱岩、角砾岩。取出糜棱岩原状样孔深为 25.80～26.80m、57.60～60.30m、68.60～71.80m、76.70～78.33m、83.20～83.72m、111.20～111.40m，其他孔段则以角砾岩为主，少数为断层影响带。岩芯以碎屑状、砂粒状为主，少量为坚硬柱状岩芯及干烧取出的软弱构造岩原状样。糜棱岩岩质极软弱，遇水极易软化、泥化，部分甚至呈松散状，取出原状样用手捏即变形，失水变干后手捻即碎成砂土状。角砾岩大部胶结差，性状差，易碎，半疏松状为主。断层影响带岩体完整性差，岩质较坚硬。从孔内构造岩分布位置推断该断层带内发育有多条主断带，产状不清，结合地表地质调查资料，推测断层走向 30°～35°，倾向北西，倾角较陡。平面上呈逆时针错动，错距大，至少有 400m。ZKH10 钻孔塌孔严重，套管跟进钻探，压水试验无法止水，未取得可靠试验资料，但从性状判断，其透水性较强。

根据本次勘察资料并结合区域地质资料，金口-谌家矶断裂由数条平行分布的断层组成，F_1、F_2、F_3 其中之一可能为金口-谌家矶断裂这一区域性断裂构造的组成部分。地质剖面和钻孔资料显示，断裂并未断错上覆的第四系，因此判断该断裂在第四纪并未发生明显的活动。

杨俊杰等(2013)引用地震映像法对沌口长江公路大桥桥址进行了勘察，反演后的地震映像时间剖面可以较为清晰地判别出金口-谌家矶断裂的发育位置、规模和形态特征(图 2-1-67)。处理后的地震映像时间剖面中 K95+760-K95+720 段内基岩面反射波组不连续、能量明显减弱、反射波组零乱，表明该段基岩面较破碎、基岩完整性较差，或者是由断层的屏蔽作用造成断层下盘反射同相轴凌乱及反射能量减弱；该段两侧反射波组的形态和数目也发生了变化，小号段的波组明显增加了；在桩号 K95+760 附近有绕射波组的迹象。根据在地震映像时间剖面图中的上述特征，推测该段为断层破碎带。结合区域地质资料，断层为正断层，倾向东，倾角较大。从映像中可以看出该断裂仅切穿了基岩及基岩面附近的第四系覆盖层，并未向地表延伸。

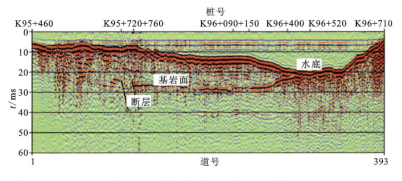

图 2-1-67　沌口长江大桥地震映像时间剖面图(DZ3)(据杨俊杰等，2013)

在断裂南段(龟山—金口)，断裂两侧均为低丘陵、岗地河湖地貌。然而西侧缺失 S_1 200m 左右的剥夷面，S_2 剥夷面高程仅为 100m 左右并向东倾斜，与高程 30～40m 岗地融合,发育Ⅲ级阶地;江西岸侧太子湖—鹦鹉洲一带第四纪堆积厚度最大值为70m。而断裂东侧S_1 200m左右、S_2 100~150m剥夷面发育良好,岗地高程30~65m,发育Ⅳ级阶地;江东岸侧青菱湖一带第四纪最大堆积厚度仅35m。

野外调查表明:在长江龟山—金口段左岸小军山、大军山发现北北东向和北东向断层系统,规模较大,应为金口-湛家矶断裂的次级断裂。

小军山东麓滨接江岸,江边采石场志留纪灰绿色砂岩走向20°,倾向北西,倾角30°~35°。它与本区地层近东西走向不符,其地层产状异常带宽可见百余米。在江堤内小军山采石场东侧山坡见有北北东向(20°)剪张性次级正断层,泥盆纪石英砂岩(D_3w)与志留纪坟头组(S_2f)断层接触(图2-1-68)。志留系产状290°∠45°~50°;泥盆系倾向南东,倾角小于10°,主断层F、F′产状290°∠45°~85°,断层角砾岩、剪切片块状碎裂岩、碎粉岩和棕红色黏土包裹的断层角砾岩带宽约4.5m,呈胶结—半胶结状,断面上有厚重的铁锰淋漓壳,无新鲜擦光面,呈粗糙、锯齿状,未切割地表坡积层(Qp_3—Qh)。断层下盘的志留纪砂岩剪切变形较强,呈一系列透镜体群岩块排列,与江边采掘处产状大体一致。据此综合判定该点断层曾于新近纪活动,并延续至早更新世初期。

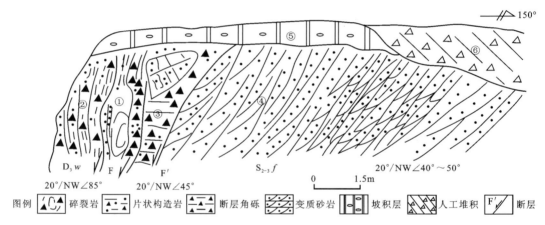

①胶结状、片块状碎裂岩与半胶结断层角砾岩、碎粉岩;②片块状构造岩,闭合胶结;③棕红色黏土包裹断层角砾和充填石英砂岩块,半胶结;④志留系剪切透镜体群变形带;⑤坡积层(Qp_3—Qh);⑥人工堆积;F、F′.主断层面,铁锰淋漓壳厚重,宽1~5mm,无擦光面;D_3w.泥盆纪石英砂岩;S_2f.志留纪坟头组灰绿色砂岩。

图2-1-68 小军山东坡北北东向断层地质剖面图

小军山采石场西缘(距前述断层点位以西约80m处)可见另一条次级剪张性正断层(走向40°),灰绿色志留纪杂色泥岩(S_2f)与泥盆纪石英砂岩(D_3w)呈断层接触。志留系倾向南东,倾角20°~30°;泥盆系亦倾向南东,倾角10°。泥盆系构成上盘剪切片块状破碎带,具闭合特征,可见宽度约20m。断层面倾向南东,倾角65°~70°。断层泥夹断层角砾岩已完全胶结,强烈铁锰质淋漓浸染氧化使其呈黑褐色块状,厚30~50cm。主断层面铁锰壳厚重,无新擦光面,粗糙锯齿状,未见断层在第四纪活动的迹象。

大军山东坡见有北北东向次级断层(图2-1-69),采集棕红色断层泥做SEM年代测试,显示断裂于第四纪早期曾有活动(武汉地震工程研究院,2004)。

图 2-1-69 小军山东坡北北东向断层地质地貌(镜向:N)

1605 年春,该断裂附近曾发生 4¾ 级地震。综合判定北东向金口-谌家矶断裂为早中更新世断裂。

二十四、赤壁-咸安断裂(F_{52})

赤壁-咸安断裂呈北东向,东起咸宁,向南西西方向延伸,经丁泗桥、官塘驿、赤壁市南、茶庵岭、赵李桥,至羊楼司一带,长约 65km。沿断裂有清楚的地貌标志:南侧为海拔 300~1000m 低山丘陵,北侧是低丘垄岗至河湖平原。

在官塘驿北石壁山采石场可见二叠纪灰岩中发育一组断层面(图 2-1-70、图 2-1-71),产状为 160°~175°∠80°,构造岩(糜棱岩、碎裂岩)带宽 20~30m,剪破裂面较多。F_1 为一凹槽,推测为主断层,两侧志留系和二叠系山体高程大体一致;F_2 为次级破裂,充填锈棕红色黏土,无新的破裂运动;F_3 断裂破碎带宽约 5m,可见固结成岩的角砾岩、断层泥状物质,钙质胶结,破裂面上方解石晶体完整,无新擦面。值得注意的是,由断层磨光面形成如同"石壁"的断层三角面在官塘驿镇腊树铺一带连续出现(当地称它为半壁山、蛤蟆山、鲫鱼山等),其排列方向为 75°左右,与赤壁-咸安断裂走向一致(图 2-1-72)。

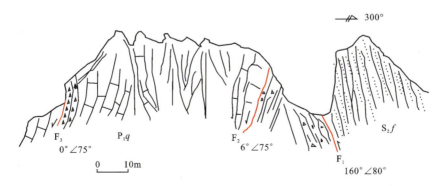

P_1q.下二叠统栖霞组;S_2f.中志留统坟头组;F_1、F_2、F_3.赤壁-咸安断裂系统。

图 2-1-70 赤壁-咸安断裂官塘驿石壁山剖面示意图

图 2-1-71 赤壁官塘驿北石壁山二叠纪灰岩中断层带（镜向：120°）
a.石壁山南端；b.石壁山中段和西段部分；c.石壁山中段和北段；d.石壁山北端段

图 2-1-72 赤壁官塘驿北腊树铺一带断层地貌
（从半壁山西望鲫鱼山，镜向：220°）

五洪山—羊楼司一带，出露北东东向的硅化破碎带，最宽约30m，并伴有温泉群出现，最高地表水温65℃。该硅化破碎带系压扭性阶段转为张扭性阶段的产物。新近纪至第四纪，该断裂又出现一次较长时间的压扭活动，硅化破碎带与奥陶纪与志留纪地层的接触处出现厚1～3m的未胶结断层泥（图2-1-73）。断层泥与围岩颜色呈渐变，显示了其原生性。该断裂较明显地控制了两侧的地形地貌:南侧主要为丘陵、低山地形,存在4级剥夷面;北侧基本为低丘、岗地地形,有3级剥夷面,构成了幕阜隆起区向西北方向的地貌突变线。但在陆水两岸,断裂两盘覆盖于志留系之上的中更新统网纹状红土之下,两岸Ⅲ级阶地对称,表明中更新世末期以来该断裂无明显的垂直差异活动。

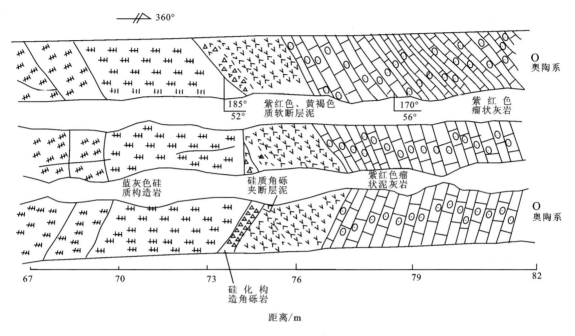

图 2-1-73 赤壁-咸安断裂五洪山某坑道地质剖面图

沿断裂展布地带有温泉群出露,如咸宁温泉群、赤壁五洪山温泉群。1954年在与该断裂相关的中更新统上覆隆起区,赤壁(蒲圻)陆水水库石坑渡曾发生过4¾级地震。

综合地质地貌特征和前人研究成果,判定赤壁-咸安断裂为早中更新世断裂。

二十五、崇阳-新宁断裂(F_{53})

崇阳-新宁断裂发育在崇阳盆地北西侧,为盆地西缘控制断裂,属路口断裂带的一部分。它北起李家湾,向南西经寺前畈、俨历思村、大层岭、王岗桥,在泉湖一带消失,长约195km。断裂发育在下寒武统与上白垩统—古近系之间,在寺前畈以北,切入寒武系。在崇阳县县城西北角龙家附近,断裂发育在白垩纪—古近纪红色钙质粉砂岩夹页岩及泥灰岩、钙质粉砂岩夹多层砾岩和下寒武统五里牌组灰色粉砂岩、粉砂质页岩、钙质板岩夹灰岩透镜体中。此外,在红层中还可见到小断层及节理。如在鱼潭以北上白垩统—古近系的红层中发育小断层,断面走向北东东,断面产状100°∠80°,两侧岩层有拖曳现象,显示正断性质。

断裂北西侧灰岩产状为140°∠73°,断裂南东侧红色钙质粉砂岩产状为182°∠8°。断裂破碎带宽约200m,破碎带内岩石破碎,灰岩以透镜体形式在片理化的红色钙质粉砂岩中产出,构造透镜体表面发育有一层厚约2mm的灰黄色钙质薄壳;构造透镜体长轴产状为130°∠81°,

构造透镜体上见有擦痕、阶步,擦痕产状为170°∠67°。根据该断裂露头的标志推断其具右旋走滑正断性质(图2-1-74、图2-1-75)。

图2-1-74 崇阳-新宁断裂及构造破碎带(D08,镜向:50°)

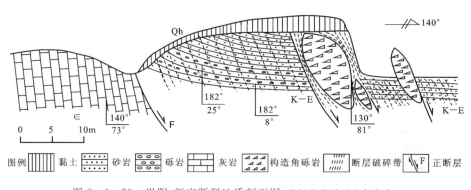

图2-1-75 崇阳-新宁断裂地质剖面图(崇阳县县城西北角龙家)

在崇阳县石城镇西庄村田家湾附近,断裂发育在下寒武统五里牌组灰色粉砂岩、粉砂质页岩、钙质板岩夹灰岩透镜体中,地层产状为105°∠20°,岩石十分破碎,大多呈透镜状(图2-1-76)。断裂由数条小断层组成,主断面走向北东(30°),倾向120°,倾角64°。构造岩宽20～30m,其内发育张性角砾岩,角砾呈棱角状。主断面向东约20m,为上白垩统—古近系红层,红层产状为300°∠18°(图2-1-77)。断裂地貌十分清晰,西侧为中低山,东侧为岗地(图2-1-78)。

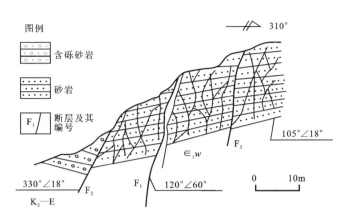

图 2-1-76 崇阳-新宁断裂田家湾附近构造岩(镜向:230°)

图 2-1-77 崇阳-新宁断裂田家湾附近地质剖面图
K_2-E.上白垩统—古近系;ϵ_1w.下寒武统五里组;F.断层

图 2-1-78 崇阳盆地西缘长坪断裂地貌(镜向:230°)

该断裂构造形迹和地震活动皆具有明显的分段性。沿断裂发育断层崖及断层三角面等,控制着沿线的水系流向。历史上沿线发生过4.8级地震和数次有感地震,近期于宁乡、高家坊、望城及煤炭坝等地小震活动较为频繁。

综合地质地貌特征和前人研究成果,判定崇阳-新宁断裂为早更新世断裂。

二十六、塘口(-白沙岭)断裂(F_{54})

塘口断裂南起平江县石门头以南,向北经丁家、温泉,至修水的全丰镇石灰厂继续向北东方向延伸,经湖北崇阳县的金塘、塘口进入通山县的雨山,终止于楠林桥北,在湖北省内长120km。断裂在卫星影像上呈明显的线性特征,地貌显示清晰。

1. 通山县楠林桥镇剖面

塘口断裂延伸到楠林桥附近,在早三叠世灰岩中见到其断裂形迹(图2-1-79)。在地貌上断裂通过处形成跌水,断面上具水平运动痕迹的擦痕,擦痕向南西侧伏,侧伏角20°。此外,在该剖面上除发育有北东走向的擦面外,还发育了近东西向和近南北向的擦面,擦痕均接近水平。

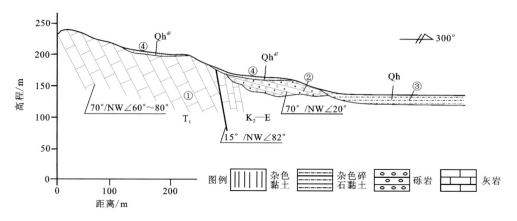

①早三叠世灰岩;②晚白垩世—古近纪砂砾岩风化强烈;③全新统,现为庄稼地;④坡积层。

图 2-1-79　通山县楠林桥镇东塘口断裂地质剖面图

2. 通山县楠林桥镇西南 2.82km 泥湖张塘口断裂

在塘口断裂的北段,开挖的探槽 1 剖面如图 2-1-80 和图 2-1-81 所示。该断裂主要发生在古生代地层中间,构造岩为强烈的挤压透镜体、挤压片理带。在强风化的构造岩带中,发育两个方向的断层擦面,并均具有斜擦痕。其中,北西向擦面上的擦痕向北西侧伏,侧伏角为 55°;北东向擦面上的擦痕向南西侧伏,侧伏角 45°,说明断裂最新活动有右旋走滑分量。

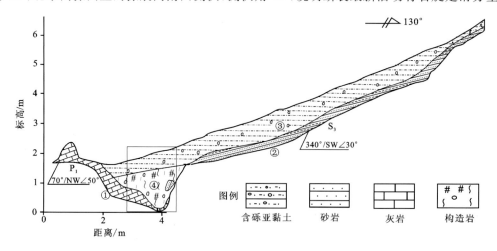

①早二叠世灰岩;②晚志留世黄绿色砂岩、页岩;③棕黄色、棕红色含砾亚黏土,砾石的砾径较大,分选差;④强风化构造岩,原构造岩已强烈风化,未完全风化的岩石呈砾石形态残留于强风化的构造岩中,一般砾径为 2~3cm,大者达 10 多厘米。

图 2-1-80　通山县楠林桥镇西南泥湖张塘口断裂探槽 1 剖面图

(根据湖北省第四地质大队,2006 修改)

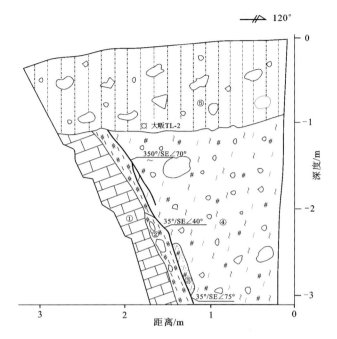

①早二叠世灰岩;②灰岩破碎带;③强风化黄色砂岩团块;④强风化构造岩,原构造岩已强烈风化,未完全风化的岩石呈砾石形态残留于强风化的构造岩中,一般砾径为2~3cm,大者达10多厘米;⑤棕黄色、棕红色含砾亚黏土,砾石的砾径较大,分选差。

图2-1-81 通山县楠林桥镇西南泥湖张塘口断裂探槽1剖面④局部放大图

根据上述由南至北的断裂剖面特征,塘口断裂在地貌上有较明显的显示(部分可能与岩性有关),追踪水系发育,卫片影像清晰;在强风化的构造岩中,发育有清晰擦痕的擦面。

综合地质地貌特征和前人研究成果,判定塘口(-白沙岭)断裂为早中更新世断裂。

二十七、郯庐断裂带(F_{57})

郯庐断裂带是中国东部最重要的走滑断裂地震构造带。其北端段珲春一带下方地幔层中有深源地震,中段渤海至鲁西沂沭段具有7~8½级地震活动水平,南端段庐江至黄梅具有中等地震活动水平。湖北省仅涉及其西南尾端黄梅至潜山一段,主断裂走向30°,由3~8条分支断层组成向北发散、向南收敛的宽带。本段长约140km,倾向南东,倾角70°~80°,构成桐柏-大别隆起区东缘边界,深切地壳。沿线出露新生代玄武岩,西升东降,地貌反差强烈,线性切割特征鲜明。在宿松、太湖山前切割中更新统阶地(图2-1-82),岳西邱家岭公路旁尚可见及断层切割晚更新世砂砾层。在黄梅一带采集样品进行SEM测年的结果表明,断裂在上新世—早更新世曾有活动。嘉山石门山和肥东王集断层泥石英SEM测定结果也表明,上新世—早更新世,该断裂有明显的活动(汤有标等,1988)。

巢湖南白山剖面,断层泥TL法年龄为(13.8±0.69)万a和(10.2±0.51)万a,属中更新世晚期或晚更新世初期;在桐城西,断层泥TL法年龄为(8.97±0.90)万a(姚大全,2004)。在太湖县小池乡竹园村西南剖面,见元古宙挤压破碎带逆冲到中更新世棕红色夹红

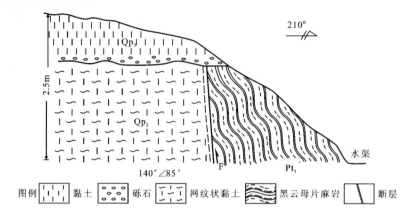

Pt_1. 黑云母（绢云母）片麻岩；Qp_2. 网纹状红色黏土；Qp_3. 紫红色含砾、砂黏土，底部为石英岩碎石。

图 2-1-82　郯庐断裂带南端段太湖岔路李冲徐屋水渠地质剖面图（据方仲景等，1987）

白色斑的亚黏土之上，上覆全新世含砾亚砂土未受影响。沿断裂南段历史上发生过 1868 年 $5\frac{1}{2}$ 级地震、1672 年 5 级地震，以及 1479 年 $4\frac{3}{4}$ 级地震、1636 年 $4\frac{3}{4}$ 级地震。

综合地质地貌特征和前人研究成果，判定郯庐断裂带东南段为早中更新世断裂。

二十八、巴河断裂（F_{58}）

在地表，巴河断裂由一系列呈雁列式的北东向断层组成，诸如胜利-吴家店断层、平湖-河铺断层、三里畈断层、上巴河断层等。它们大致沿巴河及其上游河道两侧排布。该断裂在罗田三里畈以北形迹清楚，走向 30° 左右，断面大多倾北西，倾角 75°～80°，以张性正断层为主，局部（如三里畈）也出现同方向的压性断层。自三里畈往南，基岩出露不多，断裂在地表的构造表现不太明显，但据零星基岩露头或人工揭露仍能判断断裂沿巴河右岸向南延伸。断裂新活动表现如下：罗田三里畈附近，断裂两侧除地貌上有明显差异外，沿巴河右侧有长约 3km（自三里畈往南至温泉村）的地下热水（温泉）带作北北东向排布；黄冈上巴河镇以南，巴河河谷开阔（宽 200～300m），上巴河镇附近西侧地势较东侧高，阶地亦较发育，并且 I、II 级为基座阶地，反映巴河以西（断裂西盘）有明显相对上升之势；往北在罗田平湖、河铺一带，断裂两侧形成 200m 左右的地形反差，下降盘（西盘）中松散崩（坡）积物较厚（20～30m），并出现如同麻城-团风断裂活动段所见的"坡中槽"断层地貌。在上巴河南的巴河右岸，断裂发育于大别岩群混合花岗岩中，并以宽约 30m 的破裂带形式产出，产状 30°/NW∠80°。碎裂岩带经历了多期变形，与主断裂带平行的剪破裂局部充填有较新鲜的断层泥状物质，可见部分由破裂再变形造成的糜棱岩化现象。

据 SEM 测定，断裂新构造运动的主要活动期为上新世—中更新世。中强地震活动集中发生在巴河断裂南段一带，如黄冈附近曾于 1633 年、1640 年先后发生过 $4\frac{3}{4}$ 级地震和 5.0 级地震。

综合地质地貌特征和前人研究成果，综合判定巴河断裂属早中更新世断裂。

二十九、霍山-罗田断裂（F_{59}）

霍山-罗田断裂由落儿岭等一组北东向断裂组成，北起凤凰台附近，向西南经霍山、落儿岭、土地岭等地，可断续延伸到罗田一带，主要发育于前震旦纪变质岩和中生代花岗岩中，总体走向50°左右，倾向北西或南东，倾角65°～85°，长约150km。沿落儿岭—土地岭，断裂角砾岩和糜棱岩发育，断裂右旋错移蚌埠-吕梁期祝家铺岩体和燕山期周家湾岩体，前一岩体被错移400m（姚大全等，2003）。断裂在卫星影像上反映清晰，沿断裂出现峡谷和断层崖，有温泉和冷泉分布。在土地岭西南侧杨树沟附近，断裂中发育厚约1.2m的灰黄色、灰白色断层泥，经TL法测定结果为(125±6)ka，断层泥SEM测试分析结果为以黏滑活动为主（姚大全等，2003）。在霍山县城西侧南岳轮窑厂采土坑壁发现晚侏罗世紫红色火山碎屑岩逆冲推覆于中更新世网纹红土之上，接触处呈追踪破裂状，整体走向近南北，倾向东，倾角40°～50°，断层接触带物质显微观测结果推测断裂先柔性后脆性的变形过程，断层泥TL法测定值为(3.83±0.19)万a。又如城西野岭饮料厂对面路堑中更新世砂砾层和网纹红土中可见楔状断裂，走向北东，主断层倾向北西，倾角55°，正倾滑断距30～40cm，断层泥TL法测年值为(5.75±0.29)万a，SEM测试结果显示石英颗粒有棱角状砾和撞击楔入锥现象，具黏滑特征（姚大全，2006）。

沿土地岭—黑石渡段发育线性极好的"V"形槽谷（疏鹏，2018），并发育大量的基岩破碎带，可能由落儿岭-土地岭断裂活动形成。这些剖面虽是基岩露头，但在一定程度上也可以反映断裂的几何特征及运动性质。图2-1-83为南段卫星影像及典型地质地貌观察点分布图。在落儿岭镇东南发现该断裂造成山体大规模垮塌，垂直落差达20～30m，断面新鲜，未被植被覆盖，反映出该断裂新活动较强烈。

图2-1-83 杨树沟—黑石渡段断裂卫星影像及野外观察点（卫星影像来自Google Earth）（据疏鹏，2018）

霍山县落儿岭镇太子庙一带(N31°19′46.2″,E116°07′30.2″,图2-1-83中h57点),在公路旁开挖出的剖面上,发育宽大的断裂带,带内9条断层f_1~f_9切割前震旦纪浅灰色片麻岩、石英片岩和燕山期花岗岩(疏鹏,2018)。f_1、f_2是两条主断层,它们之间的断层破碎带宽0.5~1.1m。沿断面还发育尚未固结的棕褐色断层泥,取断层泥样品H57-ESR-01进行ESR测试,结果为(169±16)ka。f_3~f_9皆发育在前震旦纪浅灰色片麻岩、石英片岩中,其规模要小于f_1、f_2。根据石英脉被位错判断,断层在剖面上表现为正断层性质。但根据f_1、f_2断面上的水平擦痕判断,断层的最新活动性质应是走滑正断层。f_1和f_2顶部表层砂土厚约30cm,顺断层的延伸方向,似乎有一裂隙并充填有灰褐色砂质黏土,宽10~15cm(图2-1-84a和b)。为确定该砂质黏土是否受到断层活动影响,在顶部进行了探槽揭露,探槽长约3m,高约1m(图2-1-84c和d)。探槽剖面显示,f_1和f_2向上并未影响到坡积层。断层两侧基岩面和上覆晚更新世坡积层厚度虽然有一定的变化,但主要是受原始地形影响所致。在坡积层的下部,于松散黏土中取得测年样品,其中样品H57-OSL-02的光释光法(OSL)测试结果为(8.94±0.72)ka。

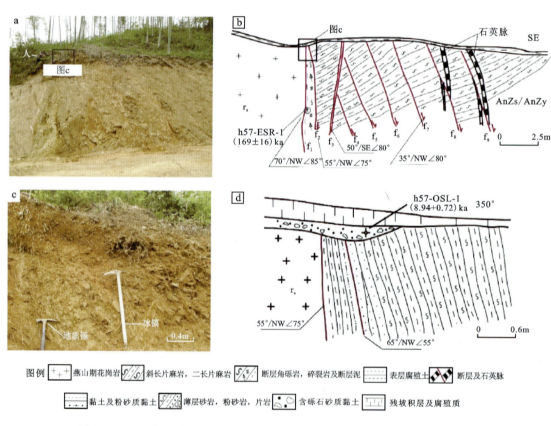

图2-1-84 落儿岭太子庙村霍山-罗田断裂露头照片及剖面图(据疏鹏,2018)
a.太子庙露头剖面;b.太子庙剖面素描图;c.太子庙露头顶部探槽剖面照片;d.太子庙露头顶部探槽素描图

太子庙剖面揭示两组倾向相反且近于直立的共轭正断层,分析认为倾向北西的f_1、f_2为主断层且活动时代较新。由断层断错地层确认其活动时代应晚于(169±16)ka,早于(8.94±0.72)ka,最新活动时代为中更新世晚期—晚更新世早期。

依据主断面 f_1 和 f_2 上的擦痕及阶步判断该断裂最新活动具有一定的右旋走滑分量。由此可知断裂最新活动为中更新世晚期—晚更新世早期,以具有右旋走滑分量的正断层为主。

在杨树沟四道湾附近公路北侧(图 2-1-83 中 h60 点,N31°17′44.4″,E116°04′24.7″),在修建房屋剥离出的剖面中,见黄褐色的前震旦纪片麻岩中发育有 4 条整体倾向北西的高角度断层,断层面向下有收敛的趋势,构成了宽度超过 2.5m 的断层破碎带,带内为构造角砾岩及碎裂岩。根据断层面附近岩层的拖曳及片理形态,断层显示逆断层性质,显示出北西盘向南东盘的逆冲的特征。f_1 断面见近水平的擦痕,擦痕侧伏向 240°,侧伏角 15°。擦痕所在断面发育灰褐色断层泥,断层泥细腻柔软,厚度约 1cm,指示活动时代较新[图 2-1-85(b)中黑色方框及图 2-1-85(c)]。依据擦痕形态及断面上残留的小阶步判断断层最新活动性质为以右旋走滑为主。

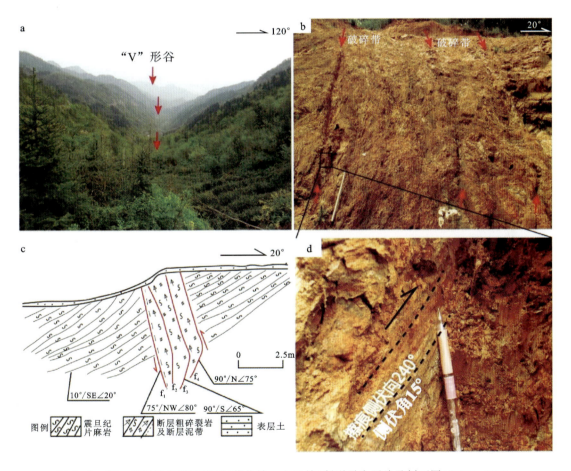

图 2-1-85　杨树沟四道湾附近(落儿岭—土地岭)断裂露头照片及剖面图(据疏鹏,2018)
a.观察点断层槽谷照片;b.断裂出露剖面照片(黑色方框为断层泥及擦痕断面);
c.断裂剖面素描图;d.断面擦痕及断层泥细节图

在土地岭南西侧杨树沟剖面上发现厚达 1.2m 的灰黄色及灰白色断层泥,对其进行样品采集并分别进行 TL 法和 SEM 测试。TL 法测试结果表明,断层泥形成于中更新世晚期—晚更新世早期,SEM测试结果表明该断裂最新活动方式为黏滑。根据历史记载,沿断裂走向曾发生1336年5¼级地震、1652年6级地震、1770年5¾级地震、1917年6¼级地震和1934年5级地震等。该地现代小震频繁发生,受断裂控制明显。

综合地质地貌特征和前人研究成果,综合判定霍山-罗田断裂北东段为晚更新世活动断裂,南西段为中更新世断裂。

三十、麻城-团风断裂(F_{60})

该断裂是一条区域性深断裂,是在大别隆起持续上隆的背景下形成的,呈北北东向,以右旋错动为主,自商城以北,向南西经麻城、新洲、团风,截切襄樊-广济断裂带后,继续向南延伸至梁子湖,全长超过250km。在几何学上,主带呈右行斜列排布,走向15°～25°,主断面总体倾向北西,倾角60°～70°。新生代以来表现为继承性的构造活动,各段活动性不均一。根据断裂各段活动的差别,可粗略地将其分为3段,即北段(商城北—麻城北黄土咀)、中段(黄土咀—团风)、南段(团风至梁子湖南端金牛)。北段在卫星影像上线性特征明显,断裂解译标志显著,东、西两盘在地貌上有明显差异,东盘河谷呈"V"形,以海拔500～1000m的低山为主,西盘以海拔70～250m的丘陵和垄岗为主,地形平坦;中段断裂控制力减弱,在卫星影像上线性特征较模糊;南段为隐伏断裂。南段断裂呈沉陷状态,多堆积了厚40m的上更新统和全新统(古志成,1981)。该断裂中段最新活动时代在中更新世中期—晚期,现今以正断层兼右旋走滑分量活动为主,区域及局部北东—北东东向构造应力场背景和壳幔尺度差异隆升控制着断裂的活动方式(雷东宁等,2017)。

北段和中段切割桐柏-大别变质杂岩,并且其东、西两侧在沉积建造、岩浆活动、变质作用和构造变形等方面,均有极大差异。第四纪,断裂北段和中段呈现右旋走滑特征,并且中段具有明显的张剪性特征。麻城盆地东缘(上白垩统—古近系)地貌反差强烈,发育断阶状多级台地,台地前缘发育断层河谷,下盘前缘断层碎裂岩中剪破裂面密集成带分布。尽管新洲—团风一线盆地东缘地貌反差逐渐变小,但随之出现了第四纪盆地沉降区。举水下游张渡湖沉溺区范围之大,与麻城-团风断裂中段的右旋剪张性活动密切相关。据断层泥采样SEM鉴定,断裂北段和中段在中更新世曾有明显活动。在麻城东桃林河和明山水库取断层泥做ESR年代测定,其值分别为(324 ± 30)ka和(404 ± 45)ka(中国地震局地质研究所,2008)。

麻城-团风断裂南段又称梁子湖-咸宁断裂,整体东升西降,第四纪断裂活动较明显。梁子湖为北北东向沉降槽盆,鉴于侏罗纪残丘呈点群遍及湖区,因此,东湖群(K_2—E)亦堆积不厚,第四系厚度通常在50m左右。依据构造成矿控制的观点,梁子湖断裂段东侧为东西向展布的黄石-大冶燕山期多金属岩浆岩矿床带,其西侧主要为非岩浆活动的古生界—中生界沉积地层区。早白垩世时期,梁子湖东南隅出现较大规模玄武岩浆喷溢活动,覆盖了保安镇—金牛镇之间的广大地区(20km×15km),构成剥蚀性丘陵(高程250～400m)。就宏观构造地貌而言,鄂州至保安湖一线具有东高西低的北北东向地貌分区边界:东侧中更新统岗地高30～50m;西侧上更新统、全新统湖漫滩仅高19～26m。其西侧晚更新世以来明显沉降,湖水向西移,武昌、江夏一带的中更新统丘岗向东倾斜;东侧相对上升,构成岗地、残山和低丘陵。由于北北东向新洲盆地与梁子湖槽盆呈右行斜列展布于主断层西盘,因此,这种形式也表明麻城-团风断裂第四纪时具右旋滑动特征。故此,梁子湖区形成总体受断层控制的北北东走向的沉降槽盆,第四纪早期曾有一次明显的断拗活动。

梁子湖-咸宁断裂的形迹多年来主要依据航磁异常和不够清晰的影像判定,迄今未有露头被发现。据中国地震局地质研究所2006年的野外工作,断裂北起鄂州西北的龙家山以西,向西南经华容,穿越梁子湖,到达咸宁横沟镇东南戴家湾西北以南,全长约80km。该断裂全线被第四系或湖区覆盖,未见出露(图2-1-86)。然而从断裂两侧零星出露的地层分析,其北段可能控制了晚白垩世—古近纪沉积盆地的西界,但南端段(横沟一带)在晚白垩

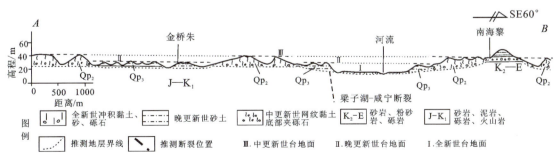

图2-1-86 梁子湖-咸宁断裂影像及地质地貌剖面图(据中国地震局地质研究所,2006)
(虚线为推测的梁子湖-咸宁断裂,A—B为地质地貌剖面位置)

世—古近纪沉积盆地中通过。断裂南端段两侧海拔40m左右的中更新世台地面高度没有明显的差别。

自横沟桥西余家湾,向东南方向经汪把头、横沟桥、张家湾、杨畈至孟家湾,开展浅层地震反射勘察,测线全长15 388m。其中测线Ⅳ段(张家湾—孟家湾)长10 764m,可分成3个次级段,其中在第二个次级段发现有3处低速异常带(江苏省工程物理勘察院,2006)。在异常部位的横波反射地震结果显示,D1的2100m处异常带为基岩侵蚀凹槽引起;D2的2850m处异常带为基岩陡坎引起;D3低速异常带位于横沟镇东南5.84km附近,在低速带上方,基岩反射波组(T_3)出现明显的能量减弱和错动,推测由断裂引起。

断裂影响带宽20m左右,砾岩层顶面的落差6~8m,为断面东倾的正断裂。断点上方覆盖层的反射波组(T_1、T_2)连续完整,除略有起伏外,无中断、断错现象,说明断裂未断错覆盖层底面(图2-1-87)。

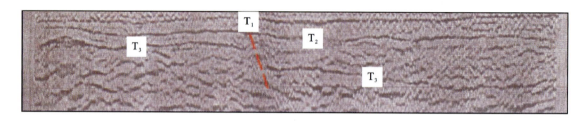

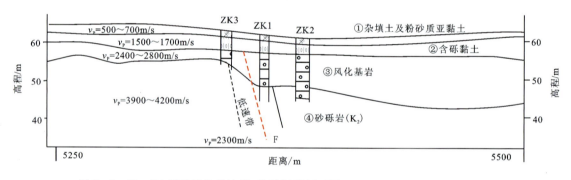

图2-1-87 D3低速异常带地震-地质解释剖面图(据江苏省工程物理勘察院,2006)

为确证D3低速异常带是否由断裂引起,在这个异常带的中间及其两侧布置了3个钻孔(图2-1-88)。从3个钻孔的地层对比情况看,ZK1和ZK2的地层基本可对比,埋藏深度也相差无几,因此在这两个钻孔间不存在断裂。ZK3的岩性与ZK1和ZK2对比,中间缺失了一段中—微风化的砂岩层。同时,ZK3与ZK1相距仅20m,砾岩层顶面的落差近6m,说明在这两个钻孔间的白垩纪地层中存在断裂,它可能就是梁子湖-咸宁断裂的南延。但该断裂没有断错上覆埋深5~6m的网纹红土,红层底部的ESR法年龄为(591±59)~(668±67)ka。结合梁子湖南侧断裂通过处两侧中更新世台地面高程一致的特点,推断梁子湖-咸宁断裂至少自中更新世中期以来没有活动。

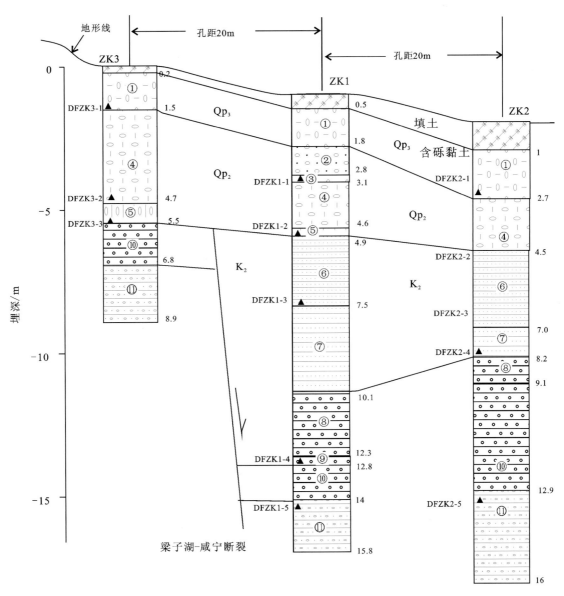

①棕黄色含砾亚黏土,砾石风化强烈;②砾石层,砾石风化强烈;③砖红色含少量角砾黏土透镜体,角砾含量1‰~2‰;④黏土砾石层,砾石磨圆度中等,最大砾径3~4cm;⑤浅砖红色含少量角砾黏土,角砾砾径为0.8~1.0cm,含量1‰~2‰;⑥灰红色强风化砂岩;⑦棕红色、砖红色砂岩,中风化;⑧胶结较差砾石,砾石成分以灰岩为主,磨圆度中等;⑨棕红色砂岩透镜体,弱风化;⑩弱风化砾岩;⑪砂砾岩,磨圆度中等,分选差,砾石成分复杂;▲.年龄样品。

图2-1-88 咸宁市横沟镇东南5.84km戴家湾西北500m钻孔柱状图(据中国地震局地质研究所,2006)

综上所述,由于梁子湖-咸宁断裂东、西两侧第四纪宏观构造地貌差异明显,具有第四纪宽槽盆低凹地貌,但堆积厚度小于50m,而且其南端段没有切割中更新统中段网纹红土,因此,综合判定断裂在上新世—早更新世有缓慢断拗活动,属早更新世断裂。

综合地质地貌特征和前人研究成果,综合判定麻城-团风断裂为早中更新世断裂。

三十一、沙湖-湘阴断裂(F_{61})

沙湖-湘阴断裂南起湘阴，经岳阳，至洪湖以北的沙湖，全长200km有余，走向北北东，主断层倾向西。它早期是截断板溪推覆体和扬子变形褶皱带的左旋斜滑断裂带，具有很发育的剪切构造岩。晚白垩世—古近纪，当江汉-洞庭准裂谷盆地发育时，沙湖-湘阴断裂即是其盆地扩张的东缘右旋正倾滑边界，同沉积作用导致断裂两侧显著的沉积地层（K_2—E）厚度差，达1000~2000m，并有同期玄武岩沿带分布。新近纪—第四纪，继承性作用明显，沉溺湖东迁至断裂西侧近邻地带，湘阴凹陷第四系厚达250m，断裂东侧普遍在100m以内。此外，断裂东侧普遍发育3级阶地，广泛发育中更新世红土台地，湘江东岸出现湖蚀崖；而其西侧无阶地出露，沉溺明显。在断裂南段望江白羊坡北北东向断层组切割中更新统白沙井组（Qp_2）和下更新统泪罗组（Qp_1）。地球物理勘探和地表工作证实，在湘阴一带断裂控制了中更新世堆积，中更新世网纹红土被断错。同时据浅层地震勘探资料，断裂切错相当于下更新统底界的下波速层，但未错切相当于上更新统底界面的T_0波速层，故断裂于中更新世中晚期有过活动（中国地震局地质研究所，湖南省地震局，2006）。

中国地震局地质研究所（2006）在长江与洞庭湖连接处西侧岳阳市君山区布置了一条北西向YT-1浅层地震横波反射测线和4个钻孔。YT-1测线地震时间剖面显示，在430CDP及385CDP附近出现两个基岩反射波组（T_g）反射异常，都呈西高东低特征，落差不大，均约为22ms。结合区域地质资料分析，推测两个异常都为断点引起，为西倾正断层，断距约为2m；其上断点深度，前者约为33m，后者约为32m（图2-1-89）。4个钻孔勘探结果表明，上覆第四系为全新世湖相深灰色、青灰色黏土和淤泥层，青灰色、黑灰色粉砂层和贝壳，厚28.7~31m；下伏基岩为褐黄色、灰绿色泥质粉砂岩。综合分析表明，全新统各层位基本一致，基岩断层没有切错上覆全新统。由于岳阳君山东侧为洞庭湖湘江与长江汇流地段，而下伏基岩为泥质粉砂岩，容易侵蚀，能保持基岩断坎形态，则表明断坎形成时代较新，故判定为更新世先成性基岩断坎。

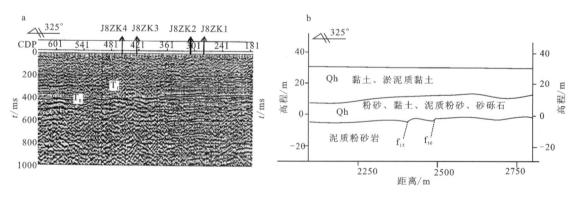

图2-1-89 沙湖-湘阴断裂君山段YT-1测线（f_{15}、f_{16}）断点纵波地震时间剖面（a）及推断地质剖面（b）

据历史地震资料和现代地震台网观测,沿断裂所处部位曾有3次轻破坏性地震。值得指出的是,沙湖-湘阴断裂岳阳—沙湖段和东侧的临湘弧夹持的帚状构造区内,现代弱震活动鲜明;继1954年临湘弧北段蒲圻陆水石坑渡4¾级震群活动后,1974年在嘉鱼西凉湖畔发生 M_L 4.4级、4.3级震群,随之洪湖、岳阳沿江一线亦发生有感震,表明沙湖-湘阴断裂深部现代活动仍明显。

综合地质地貌特征和前人研究成果,判定沙湖-湘阴断裂为早中更新世断裂。

三十二、官山河断裂(F_{63})

在官山河八亩地北公路旁开挖的边坡上,可见由10多条断面组成的宽约20m的断裂(图2-1-90)。其东盘为辉绿岩,已变质,片理产状315°/NE∠75°;西盘为各类石英绢云母片岩,产状150°/NE∠53°。主断面产状30°/SE∠85°,斜向擦痕和阶步发育,显示左旋逆冲性质。褐色碎裂岩和片理化发育,宽约3m,可见2层浅灰色断层泥,采集断层泥物质进行SEM测试,结果表明断裂在上新世有活动。

官山河断裂在郑家店和六里坪等地的露头多可见断层泥发育,水系沟谷与断裂位置常存在一定的对应关系,并形成深切峡谷,河谷内普遍缺失阶地堆积。该断裂与白河-谷城断裂相交切的部位,偶有零星小震活动。第四纪以来,该断裂无活动迹象。

综合地质地貌特征和前人研究成果,判定官山河断裂为前第四纪断裂。

①褐色碎裂岩;②主断面;③浅灰色断层泥;④碎裂岩,已片理化;⑤浅灰色断层泥。

图2-1-90 官山河八亩地北公路旁官山河断裂剖面

第二节 北西向断裂

一、淅川断裂（F_1）

淅川断裂从北西端的荆紫关至南东最远出露点周山长约80km,宽5~8km。它在西北端与山阳-内乡断裂斜接,南东延伸段隐伏于南襄盆地之中。淅川断裂内次级断层右行右阶排布所形成的淅川右旋走滑拉分盆地,由2个右行右阶展布的条状菱形盆地组成,成生于晚白垩世—古近纪。古近纪末,淅川断裂呈左旋走滑,盆地上升,晚白垩世—古近纪形成轴向北西的平缓向斜褶曲。然而,新近纪以来,原右行右阶展布的2个子盆地被断裂的左旋走滑改造成2个雁行透镜状狭窄张性槽地,但此种张性结构远小于前期规模,其宽度不足早期盆地的一半,现为丹江口水库的淅库蓄水区。在构造地貌方面,由次级断层控制的盆地边界均呈鲜明的构造地貌陡坎,其北侧支流淇河、老灌河穿越断裂时呈左旋扭动,这暗示断裂第四纪呈左旋走滑趋势。

综合地质地貌特征和前人研究成果,判定淅川断裂为早中更新世断裂。

二、两郧断裂（F_2）

两郧断裂西起漫川关盆地西北,东延经郧西、郧县、均县,没入南襄盆地内,走向120°,呈北西西-南东东向延伸约250km,主断面倾向北,倾角45°~75°。断裂大部分发育在耀岭河群内部,变形带由数条平行断层组成。晚燕山期时具有强烈的逆走滑或推覆特征,形成宽大的韧性剪切带,重磁资料有明显反映。喜马拉雅期断裂上盘新元古界逆推于古近系、新近系之上。主断层灰白色构造破碎带宽60~100m。第四纪承袭了这种运动体制,并在构造-地貌上有一定显示：①沿带总体呈负向槽谷或河谷,形成近百千米的山间廊道。廊道之内又依次出现反差分明的斜（横）向地貌隆起和洼地。其中由新近纪晚期泥灰岩（TL法测年结果为270万a）上覆构成的隆起（火车岭）,现已高出郧西河谷近400m,抬升速率约0.2mm/a。②断裂东延在南襄盆地西缘,由汉江断裂、金家棚断裂和上寺断层等组成发散状断裂束,卫星影像显示金家棚断裂习家店段、汉江断裂冷集段具有第四纪断错地貌。据长江水利委员会勘测一队在陶岔一带探槽揭示,发现在中—上更新统中有产状300°/NE∠70°的断层,长240m,垂向断距8~10m,并兼有左旋逆走滑分量。③第四纪年代学样品（SEM法）测定结果表明,该断裂在新近纪上新世、早更新世和中更新世也有强烈活动；TL法测定结果显示,该断裂在距今（24~45）万a也曾强烈活动,丹江口水库地区的震群活动可能与此有关,表明该断裂在中更新世中期强烈活动,而东段的活动时代更晚。

郧县盆地柳陂镇刘家桥村调查剖面基岩为晚白垩世（K_2）紫红色厚层块状粗砂岩及灰白色厚层—块状钙质砾岩,产状270°∠20°,上覆第四系中更新统（Qp_2）,两者呈不整合接触（图2-2-1）。

第二章 湖北省主要断裂活动特征

图 2-2-1　两郧断裂郧县柳陂镇刘家桥村露头照片（镜向：280°）

该剖面点位于汉江右岸刘家桥后山上，出露点上覆第四系中更新统，为汉江Ⅳ级阶地，比高约 70m。断层 F 从白垩系中上切至第四系中更新统中（图 2-2-2）。断裂在白垩系中表现为断面略弯曲，产状 270°∠75°~85°，断裂两盘岩层错动显著，白色厚层粗砾岩层显示其断距约 1m，为正断性质。在白垩纪砾岩中可见多条走向北西，倾角直立的次级剪切破裂滑动面。在上覆第四系中，④层可见砾石层被扰动破裂，扰动带宽约 10cm，裂面闭合，砾石有明显的定向性，较大的砾石长轴角度变陡，与两侧差异显著（图 2-2-3 左）；③层同样被扰动，扰动带宽 5cm（图 2-2-3 右），扰动带中砾石直立，砾石长轴方向与砾石层正交，同时带中钙质结壳层有错断；②层顶面形成小型断阶，断差 30cm，属正断性质。

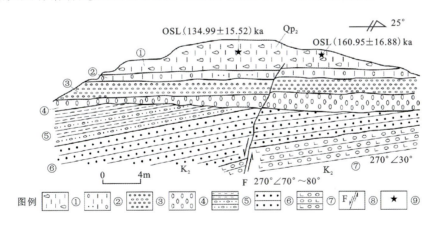

①~④为第四系中更新统：①棕红色黏土含钙质结核；②土黄色含砾黏土，局部夹砂层；③灰白色砾石层，粒径较小，层中可见白色石英质砾石条带；④灰黑色砾石层，其粒径比③层大，含褐色砂岩质砾石。⑤~⑦为上白垩统（K_2）：⑤薄层状泥岩、砂砾岩；⑥厚层状粗砂岩；⑦灰白色钙质胶结的粗砾岩。⑧F 断层。⑨采样点。

图 2-2-2　两郧断裂郧县柳陂镇刘家桥村地质剖面图（据乔岳强和雷东宁，2015）

综合分析表明，由于刘家桥断层出露部位位于两郧断裂主断层南西侧上盘，地表迹线相距约 3.5km，因此，刘家桥断层仅为两郧断裂上盘低序次构造形迹，但却佐证了两郧断裂中更新世末期曾有明显活动。

图 2-2-3 郧县柳陂镇刘家桥村第四纪砾石层中断层照片（镜向：280°）

（据乔岳强和雷东宁，2015）

综合地质地貌特征和前人研究成果，判定两郧断裂为中更新世断裂。

三、金家棚断裂（F_4）

该断裂出露在金家棚水库一带，发育于赵川-淅川印支褶断束之内，总体走向290°，长约60km，在凉水河一带被北北东向、北东向断裂切割且稍具右旋位移，属丹江断裂的次级断裂。断裂东段在石门至金家棚一线，切割了新近系—更新统。ETM＋遥感影像显示，丹江断裂呈清晰的、中部略向北东凸出的线性特征，形成低山、丘陵地貌单元的分界线，沿线可见沟谷负地形、断层崖、三角面、反向陡坎（图2-2-4、图2-2-5）。根据山脊、水系左行扭动特征可推测该断裂具有左旋走滑特点，在横向上被多组北东向断层切错为多段。中国科学院地质研究所（1991）和中国地震局地球物理研究所（2003）对同一观察点的暗棕红色细破裂岩分别作年代测定，结果前者为（23.07±7.91）万a（TL法）和（34.21±10.26）万a（ESR法）；后者为（364.97±31.02）ka（TL法）。沿带曾发生2次2.0～3.9级小震。

在金家棚村北林茂山水库大坝西肩，断裂出露清晰，走向300°，倾向南西，倾角陡。北盘为晚白垩世浅灰色、灰紫色、浅褐黄色泥质灰岩、泥灰质黏土岩，产状120°/SW∠40°，近断面处变为180°～200°/W—NWW∠30°；南盘为新近纪浅褐黄色砂砾岩，产状220°/NW∠15°。断裂构造带呈楔形，上部宽度大于6m，向下收敛至60cm。内部结构分带如下（自北向南）（图2-2-6、图2-2-7）：①主滑面（F_1），产状80°/SSE∠65°～80°，内弯弧形，粗糙不平；②浅黄红色碎裂岩，全由上白垩统组成，宽约3.5m，其中发育一系列与主滑面平行或小角度斜交的裂面；③暗紫红色细粒碎裂岩，宽0.5m，同样发育平行的裂面；④暗棕红色楔形黏土加碎石充填物，已碎裂化，宽20～30cm，斜向剪切线理发育（产状265°/NW∠75°）；⑤褐黄

图 2-2-4　丹江断裂石门—金家棚段近南北向沟谷左行扭动影像

图 2-2-5　金家棚东北丹江断裂构造地貌（镜向：SW）

色、浅灰黄色砾石、砂砾石层，宽 1.5m，下部砾石以硅质岩为主，棱角或次圆状，大小悬殊，钙质胶结；上部以灰岩、石英脉砾石为主，次圆状，且平行排列，具扰动变形；⑥粗粒碎裂岩，宽 1.5m，由新近系组成，与 F_2 滑面平行的剪切线理发育；⑦F_2 滑面，内变弧形，上陡下缓，产状 90°/N∠50°～85°，裂面上残留近直立和近水平两组擦痕；⑧较完整的新近纪砂砾石层，宽度大于 3m，发育两组节理；⑨第四纪残坡积层，厚度最大 1.5m，时代可能属中—晚更新世。

此外，在老河口市洪山咀镇金家棚村北林茂山水库西南 100m 采石场，又见一断裂露头。该处基岩为震旦系灯影组中段（Z_2d^2）灰白色中薄层细晶白云岩，局部夹泥质条带，上覆第四系中更新统（Qp_2）砖红色大砾岩，厚约 2m，砾岩中砾石多为黑色、灰黑色灰岩质砾石。出露高程约 200m，属汉江支流苏家河Ⅳ级阶地。丹江断裂切割震旦系灯影组（Z_2d^2）和上覆中更新统（Qp_2）。

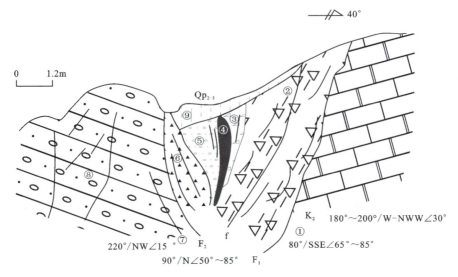

Qp$_{2-3}$.中—晚更新世残坡积；N.新近纪砂砾石层；K$_2$.晚白垩世泥质灰岩；F$_1$、F$_2$.主断面。

图 2-2-6　金家棚断裂金家棚村北林茂山大坝西肩旁地质剖面图（据雷东宁，2019）

图 2-2-7　金家棚断裂金家棚村北林茂山大坝西肩露头照片（镜向：W）

a.露头全貌；b.暗紫红色细粒碎裂岩和浅黄红色碎裂岩；
c.较完整的新近纪砂砾石层和粗粒碎裂岩

该点位于老河市北林茂山(金家棚)丘陵山区,即东西向朱连山-羊山垒状上升区南缘。丹江断裂东段控制了该垒状上升区南缘边界。图 2-2-8 显示主断面弯曲呈弧状,上陡下缓,倾向 30°,倾角 60°~80°,发育宽约 18m 构造破碎带,带内多白色碎粉岩,呈半固结状态(图 2-2-9、图 2-2-10),同时可见与主断面产状相近的次级滑动面,上部切穿砾石层。砾石层局部变形,厚约 2m。断裂为逆断及左行走滑性质,推测断距不小于 2m。

综合地质地貌特征和前人研究成果,判定金家棚断裂为晚更新世活动断裂。

图 2-2-8 老河口市金家棚北林茂山水库西南 100m 采石场断层露头照片(镜向:120°)

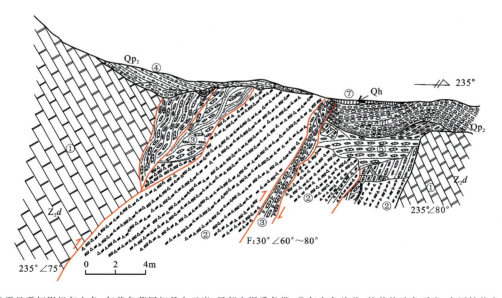

①震旦系灯影组灰白色、灰黄色薄层细晶白云岩,局部夹泥质条带;②灰白色片状、块状构造角砾岩,半固结状态,原岩应为白云岩;③土黄色构造角砾岩,块状,基质为砂质,局部残留岩层弯曲变形;④第四纪砖红色黏土砾石层,砾石多为灰黑色灰质砾石;⑤土黄色构造角砾岩;⑥第四纪砖红色黏土砾石层;⑦第四纪残坡积物(Qh)。

图 2-2-9 丹江口市金家棚北林茂山水库西南 100m 采石场断层地质剖面图(据雷东宁,2019)

图 2-2-10 丹江口市金家棚北林茂山水库西南 100m 采石场构造破碎带照片
a. 主断面特征；b. 断层上部切割第四系砾石层

四、白河-谷城断裂(F_5)

白河-谷城断裂走向 290°～300°，倾向北东，倾角 45°～80°。西起白河公馆，沿武当山北缘东南伸展到石花街与城口-襄樊断裂交会，总长约 240km。该带由许多平行的断片组成，并被一系列北东向斜滑断层切割，形成 25 个以上的几千米至 10 余千米的小构造段，十堰以西最长的构造段达 50km。变形带宽 4km 以上，各类构造岩十分发育。自古元古代形成后，断裂多期活动。新构造活动主要表现为在断裂两盘差异隆起基础上带有一定分量的左旋走滑位移，形成六里坪、郑家湾等晚更新世拉分谷地，西段在 1868 年曾发生过 5½级地震。经 TL 法测定，该断裂最晚活动年龄为 150 万 a，表明其属早更新世活动强度不大的断裂。

1. 黄龙滩水库大坝剖面

在黄龙滩水库南水库大坝的输水洞勘探平洞内，武当群绿色片岩内可见断裂发育（图 2-2-11）。断裂走向 325°，倾向北东，倾角 65°。断裂带宽约 10m，发育断层角砾岩、碎裂状石英脉体，夹黑色碳化断层泥。断裂物质固结程度一般，常见崩塌现象。对石英脉和断层泥采样进行年龄测定，ESR 法测试结果为 150 万 a，表明断裂最新活动时代为早更新世。

2. 郧西两河口剖面

在郧西县两河口一人工露头旁见到出露较好的剖面。该断裂发育在下寒武统水井沟组中，两盘地层均为碳质板岩、碳质硅质岩、细粒晶质灰岩、云母石英片岩、千枚岩等，产状 24°∠50°，唯北盘地层倾角渐增至 60°～75°；南盘产状变化为 40°∠50°（图 2-2-12、图 2-2-13）。主断面呈波状起伏，构造岩带宽 5～6m，两侧为破碎带，中间发育断层泥，且分带明显；两侧

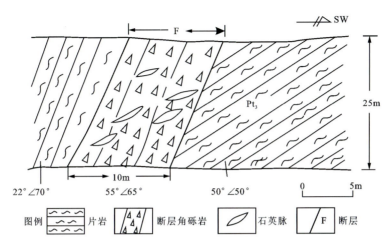

图 2-2-11　白河-谷城断裂黄龙滩水库大坝地质剖面图(据中国科学院地质研究所,1991)

为不同粒级的碎裂岩、断层角砾岩,中心为黑色碳化的断层泥和片理化的糜棱岩。根据片理岩与主断面的交角和北盘强烈揉皱变形,推测该断裂曾经历过逆冲兼有左旋分量的滑动过程。第四纪以来,该断裂在本段活动性较弱,在地貌上仅有 20m 的反差。断裂带内胶结比较坚固,在该断裂上采集的断层物质热释光样品未能测定出年代,故本段综合判定为前第四纪断裂。

图 2-2-12　两河口观察点断裂露头照片(镜向:120°)

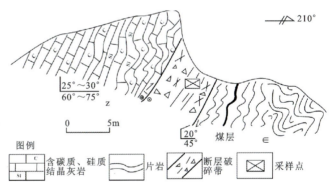

图 2-2-13　两河口公路旁断裂地质剖面图

3. 白河毛家嘴剖面

该观察点为白河-谷城断裂出露最清晰的一段。主断裂发育在中寒武统水沟口组之间。前者主要为灰色千枚岩、云母石英片岩夹碳质板岩、灰岩;后者以碳质硅质岩、结晶灰岩、变质砂岩等为主,主体产状 195°∠65°～70°。主断裂由数条平行的分支断层组成宽达 50～60m 的构造变形带,自北向南可以明显地分成以下不同的构造岩序列:①强变形带(图 2-2-14d),宽度大于 15m,由中寒武世较弱岩层介质形成纷杂多态的变形带;②断层角砾岩带,宽度大于10m,由巨大的角砾和包裹角砾的片状岩构成;③剪切破碎带,发育在下寒武统水沟口组中,宽度大于25m,由一系列产状为170°∠70°~80°的剪切结构面及其夹持的巨型岩块组成,裂面平直光滑,其上普遍残留有大型擦面和水平擦痕、阶步,侧伏角10°左右,揭示该断裂曾经历一次右旋剪切滑动(图2-2-14a~c);④覆盖层,被向北流入汉江的白石河床掩盖;⑤完整的下寒武统水沟口组千枚岩;⑥在分带①上覆盖有第四纪浅黄色残坡积层(或白石河Ⅱ级阶地黏土夹砾石层),采样进行TL法测定,结果为(56.57±4.81)ka(图2-2-15)。

图2-2-14 毛家嘴村北白河-谷城断裂露头照片

a.断层光面、擦痕;b、c.水平擦痕及波状面、角砾岩;d.强变形带;e.碎裂岩

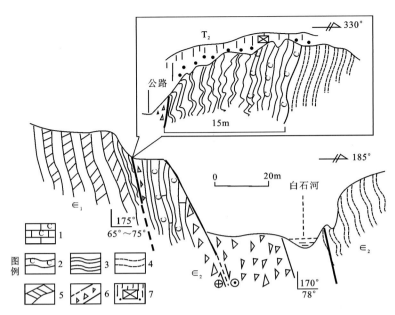

1.碳质结晶灰岩、灰岩;2.碳质板岩;3.板岩;4.千枚岩;5.硅质岩;6.断层破碎带;7.Ⅱ级阶地及采样点。

图 2-2-15 白河县西毛家嘴一带断层地质剖面图

本段断裂新构造活动相对强烈,表现在上述构造岩带尤其是①带中的碎裂岩多呈松散结构,地貌上残留有陡峻的断层三角面,地貌反差近100m,白石河沿断裂有600m呈直线河谷。但经野外观察,断裂并未对上覆晚更新世残坡积层和白石河Ⅱ级阶地(Qp_3)堆积物造成影响。故综合评定本段断裂的最新活动应在晚更新世之前,可能为早、中更新世。

白河-谷城断裂新构造期以来的活动主要表现在以下几个方面:

(1)地貌表现出较清晰的线性特征,南侧为中、低山和强烈侵蚀、下切的相关地貌,发育1000~1300m和1500m以上的两级夷平面;北侧为低山、丘陵和河谷盆地,同期夷平面有500~1000m的反差。沿断裂形成了一系列小型拉分盆地(图2-2-16),盆地与盆地之间常表现为北北西向或近南北向,相对高程50~250m的挤压脊岭,地形地貌特征非常显著。

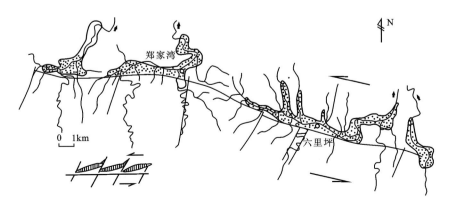

图 2-2-16 白河-谷城断裂北盘因扭动形成的小型拉分盆地示意图(据刘锁旺等,1992修改)

（2）断裂带内断层泥年龄测定结果为150万a,表明断裂早更新世曾有活动。

（3）在地震活动方面,该断裂西段展布地带曾发生过5.0～5.5级地震,沿带其他地区的地震活动相对平静。

综合地质地貌特征和前人研究成果,判定白河-谷城断裂为早中更新世断裂。

五、安康-房县断裂（F_6）

安康-房县断裂呈北西向延伸,为北大巴山逆冲推覆带和武当逆冲推覆带的分界断裂,在湖北省内总长约230km。该断裂的几何学结构极为复杂,主带由四五条大致平行并向南东撒开的分支断层组成,并被北东向、北北西向和近东西向断层切割,在宝丰盆地形成右阶区,形成"Z"字形展布的微断块构造带,大致可以分成安康（长100km）、陈家河（长40km）和竹山（长58km）3个显著的构造带。该断裂具有复杂的断裂结构,多期活动,并控制了安康-月河盆地和宝丰盆地的发展演化。新构造期以来以左旋走（逆）滑位移为主,导致盆地之间产生北西（北北西）向挤压隆起,现代水系循此流逝,如陈家铺、摇鼓台和前池等。摇鼓台和鼓锣坪一带的更新世隆起,高出现代河床250～300m。沿主断裂两侧,新近系和第四系中还发育一系列小型破裂或断层。如月河盆地南缘边界断裂具有自第四纪中更新世以来断错水系特征,在长枪岭断裂切割新近纪—中更新世河湖相地层。

1. 陈家铺断裂（F_{6-1}）

该断裂从房县化龙至竹山,全长约40km,沿北西向陈家铺断裂表现为弧形弯曲的深切沟谷状3条右行左阶的雁列地貌陡坎。陡坎高差平均约500m,长度分别为19km、13km和9km。值得指出的是,沿断裂分布的构造地貌形迹均不与其早期断裂地表迹线完全重合,反映了该断裂在新生代复活时显著走滑所伴生的雁行扭裂。据有关资料,窑淮桂花村一带可见由数条断层组成的陈家铺断裂,破碎带宽达200m（图2-2-17）,揉皱十分强烈。构造岩带宽3～4m,片理化断层泥厚约10cm；主断面产状10°∠65°。其断层泥样品经镜下鉴定发现,基质中发育平行或透镜状叶理,直径0.1mm的次圆状石英砾石均匀散布其中,为压剪性断层泥结构。此外,该断裂在房县盆地西缘导致古近系形成宽6m的破裂带,砾石被剪切错断。陈家铺断裂南东端切过青峰断裂达10km,导致近东西向断崖条状山山岭脊线右旋位错3km（甘家思等,2003）。

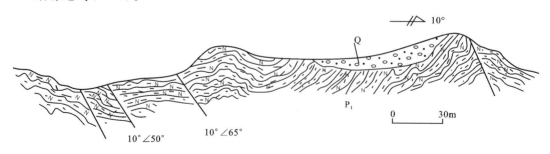

图2-2-17　房县盆地窑淮桂花村陈家铺断裂地质剖面图（据王清云等,1988）

新构造期以来,陈家铺断裂以左旋走滑位移为主,导致盆地之间产生北西向、北西西向挤压隆起,高出现代河床250~300m。沿主断裂两侧,新近系和第四系中还发育一系列小型破裂或断层。

此外,沿断裂的断层地貌亦十分醒目,公元前143年竹山西南5级地震都发生在该断裂附近。近年竹山一带有小震活动,2008年3月24日竹山茅塔M_s4.1级地震可能与该断裂的孕育有关。断层泥SEM测定证明断裂在上新世、早更新世和晚更新世分别发生过快速运动(武汉地震工程研究院,2000)。在竹山南龙王沟附近断层泥TL法测年结果为5.1万a,据此判定该段断裂属于晚更新世活动断裂(中国地震局地质研究所,2004)。

2. 秦王寨断裂(F_{6-3})

该断裂在湖北省延伸约30km,走向北西西,倾向北北东或直立。沿该断裂发育若干条断层糜棱岩带,一般宽度为5~8m(图2-2-18)。TL法测年结果为4.5万a,ESR法测年结果为9.8万a,据此判定该段断裂属于晚更新世活动断裂。

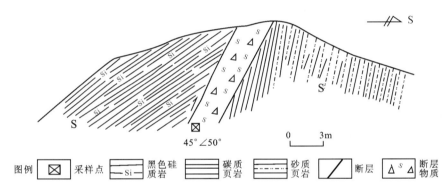

图2-2-18 秦王寨断裂地质剖面图(据中国地震局地质研究所,2004)

3. 苦桃河断裂(F_{6-2})

该断裂发育在武当地块与加里东褶皱带的交界带上,沿苦桃河到田家坝,再向西南可延至定河湾附近,走向北西,倾向北东,倾角近直立。沿断裂发育断层糜棱岩带,在田家坝附近见断层糜棱岩带宽3~5m(图2-2-19)。TL法测年结果为2.1万a,ESR法测年结果为7.8万a,据此判定该段断裂属晚更新世活动断裂。

此外,沿断裂的断层地貌亦十分醒目,788年竹山宝丰6½级地震和公元前143年竹山西南5.0级地震都发生在该断裂附近,近年竹山一带也有小震活动。SEM法测定证明,该断裂在上新世、早更新世和晚更新世分别发生过快速运动。在由秦王寨断裂、溢水断裂、九华山断裂和竹山断裂4条断裂组成的竹山段,经TL法和ESR法测年,断裂最新活动时代分别为(4.5,9.8)万a、(2.1,7.8)万a、(4.2、2.9、18、20)万a、5.1万a(中国地震局地质研究所,2004),据此判断竹山段的最新活动时代应为晚更新世。

综合地质地貌特征和前人研究成果,判定安康-房县断裂为晚更新世活动断裂。

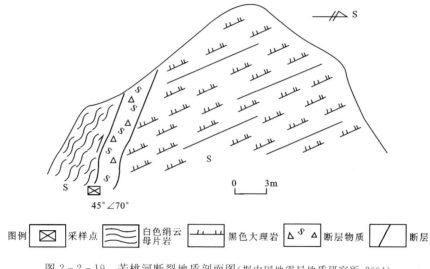

图 2-2-19　苦桃河断裂地质剖面图(据中国地震局地质研究所,2004)

六、板桥断裂(F_{11})

板桥断裂经墨池垭、落人潭、高桥河,延展至国公坪后,呈现分支、复合现象,分成两支主要断裂继续延展,经阡坪、董家湾、板桥、麻线坪、堆子镇等地,长约50km。断裂两侧地层强烈挤压破碎,形成复杂的断裂带。

尽管各个剖面点由于所处断裂的部位不同,所表现的断面产状有所差异。但通过对板桥断裂各个剖面的观察分析,可以看出一些共同特征:①断层破碎带一般宽5~20m,白云岩强烈挤压破碎或劈理化,压碎的白云岩风化后呈砂状,其中有一些巨大的岩块呈透镜体状夹于破碎的白云岩中呈岛状;②劈理化为一组甚为密集的裂隙,裂隙呈南北向,在破碎的白云岩中往往发育一组近南北向的挤压裂面,有磨光面及垂直擦痕,或一组南北走向具陡倾斜擦痕的小型压扭性断层。例如,在马胡阡(N 31°26′19.4″,E 110°09′50.3″),板桥断裂(东支)发育于震旦系中,断裂倾向200°,倾角60°~70°。南盘震旦系倾向265°,倾角85°,几乎直立;北盘震旦系倾向95°,倾角50°。两盘地层产状变化显著,靠近断面附近地层强烈挤压破碎,形成碎裂岩。断层破碎带宽6~7m,主要由巨大岩块形成的挤压透镜体、挤压滑动面和少量断层角砾岩组成,胶结坚硬。挤压透镜体一般长1~2m,宽0.8~1.0m,相互斜列排布,透镜体边缘往往发育一组走向近南北的挤压裂面和糜棱岩,角砾岩主要发育于断面附近,有些角砾岩被磨光形成镜面,擦痕近垂直(图2-2-20~图2-2-22)。

此外在高桥河一带还可以看到前震旦纪地层与东侧震旦系、寒武系呈断层接触,表现为断裂西盘强烈上冲(图2-2-23~图2-2-26)。

从断裂的几何展布、结构特征判断,板桥断裂是一条以压性为主,兼有左行扭动的压剪性断裂。

第二章 湖北省主要断裂活动特征

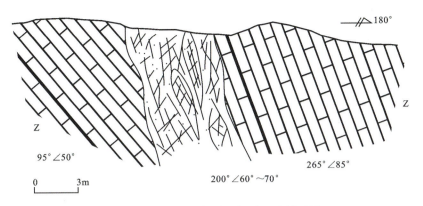

图 2-2-20　板桥断裂马胡阡地质剖面图

图 2-2-21　板桥断裂马胡阡剖面露头照片（镜向：N）

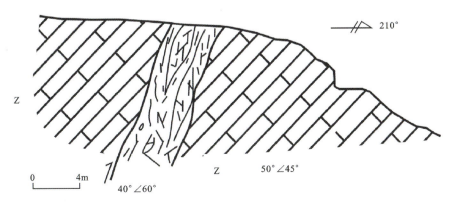

图 2-2-22　板桥断裂马胡阡西南地质剖面图

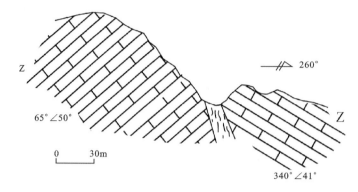

图 2-2-23　板桥断裂闹水河地质剖面图

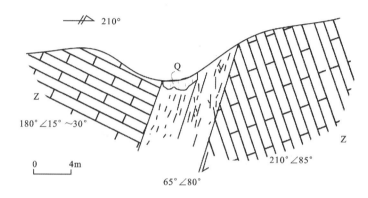

图 2-2-24　板桥断裂李家湾地质剖面图

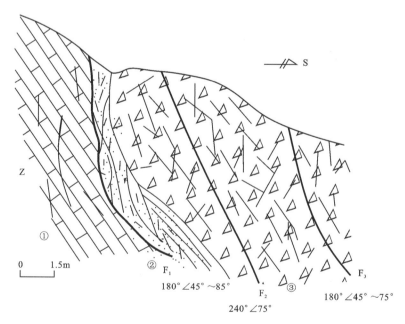

①震旦系灯影组灰岩；②泥质片理化构造岩；③碎裂岩。

图 2-2-25　板桥断裂国公坪地质剖面图（据甘家思，1997）

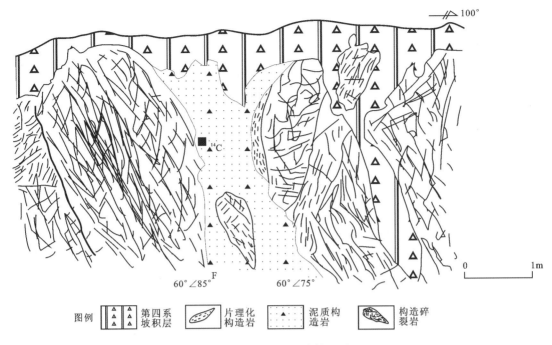

图 2-2-26 板桥断裂黑水河地质剖面图(据甘家思,1997)

板桥断裂形成时代较早,这一点从限制九道-阳日断裂的西端发展可以佐证。断裂在燕山运动期间表现为强烈活动,在新构造运动期间仍表现出一定的活动性。自第四纪以来,断裂活动已不明显,主要表现为:断裂一般发育在山坡中间地带,两侧地形地貌反差不大;断裂对水系控制不明显,虽然板桥河等水系总体呈北西流向,但偏离断裂甚远;水系走向受地层走向控制比较明显,流经断裂的小型溪沟没有任何变形错移;断裂两侧亦没有发现第四系坡积物,且溪沟冲积物亦没有发现变动迹象;断裂构造岩胶结坚硬;沿断裂历史上和现代基本没有地震活动。

综合地质地貌特征和前人研究成果,判定板桥断裂属于早更新世断裂。

七、天阳坪断裂(F_{25})

宜都-公安断裂位于监利、公安、松滋、宜都和长阳一线,总体走向北西,全长 260km。湖北省地质局于 20 世纪 70 年代初依据航磁和重力异常推测的基底构造,判定沿测线有一系列燕山期花岗岩体展布,据此推断该断裂的存在。根据地貌特征、深部构造特征等,该断裂可分为西段天阳坪断裂和东段公安-监利断裂。

天阳坪断裂走向北西,倾向南,切割古生界、白垩系、古近系,全长约 60km。据大量野外调查和构造岩样品测年结果判定,该断裂为第四纪早期构造。枝江隐伏段现已发现断裂切割中、下更新统(Qp_{1-2})砂砾层,古近系方家河组(Ef)逆冲于中更新统善溪窑组(Qp_2s)之上。该断裂在松滋老城西被北东向枝江断裂截断,并在松滋老城西江边发现北西向松滋隐伏断裂露头。

从宜都云池、赵家院向南东经枝江小冲北西向沟谷—雅畈,至姚岗重新桥一线,为天阳坪断裂枝江段隐伏地带,全长约22km,走向310°～320°。卫星影像显示为线性负向灰色条纹和高岗地与垅岗转换地带。从雅畈向南东至姚岗重新桥一线,其北东侧低岗地高程50～60m,南西侧高岗地高程100～150m,但土地岭两个制高点150m和151m靠近地貌分异线不足750m,其余地区为100～200m。岗地上覆地层均为中、下更新统云池组和善溪窑组,厚度10～30m。调查表明,雅畈—重新桥一线有不连续线性局部切割陡坎地貌(图2-2-27)。

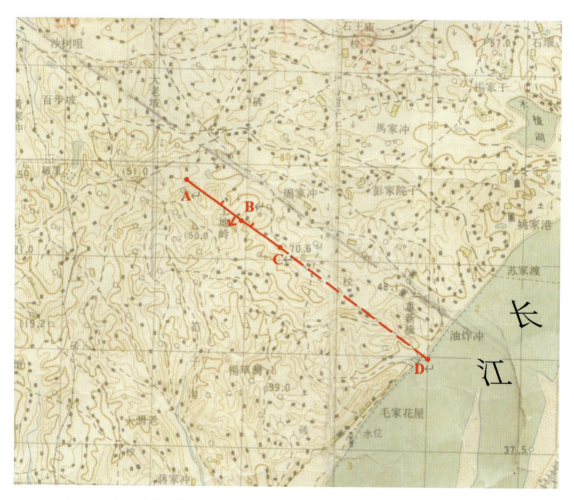

图2-2-27 雅畈—姚岗一带地形图(实线为实测断层,虚线为依据构造地貌推测的断层线)

1. 剖面A(图2-2-28;坐标:N30°22.937′,E110°36.138′)

在剖面A中,始新统方家河组(Ef)红色泥质砂岩层与第四系云池组(Qp_1)和善溪窑组(Qp_2)呈逆断层接触关系。断层F内上盘断裂面②较平直、光滑,具有水平擦痕、擦槽,下盘断面③、④尚清晰可辨。上覆地层为由灰褐色残坡积层(Qp_3—Qh)构成的缓坡面,未被切割。图2-2-29中逆断层F产状为300°/SW∠75°,断裂剪切变形带宽约1m;②为深褐红色断层泥状物质,呈片理状、片块状,宽 15～20cm,贴近断面处砾石定向排列;③为姜黄色砂砾,夹碎粉、角砾,砾石部分定向排列;④为褐黄色砂砾,夹碎粉、角砾,少量砾石定向排列。依据断层错切中更新统善溪窑组,判定断层最新活动时间为中更新世晚期。此外,依据剪切变形带的 3 种不同色相,推测曾有 3 期断层活动。

图 2-2-28　剖面 A 土地岭村级公路旁断层露头地质地貌照片(镜向:NW)

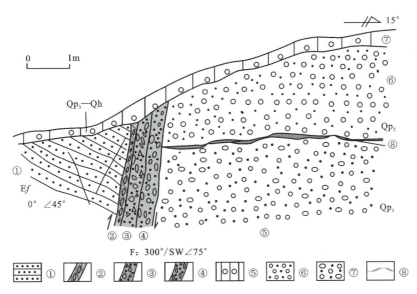

①古近系方家河组;②深褐红色断层泥状物质,片理状、片块状,砾石定向排列;③姜黄色砂砾夹碎粉、角砾,部分砾石定向排列;④褐黄色砂砾;⑤中更新统善溪窑组砂砾层;⑥下更新统云池组;⑦上更新统—全新统残坡积层;⑧铁锰质薄壳。

图 2-2-29　土地岭垃圾填埋场西北公路旁断层地质剖面图(据甘家思和蔡永建,2012)

2. 剖面 B(图 2-2-30;坐标:N30°22.702′,E111°36.522′)

剖面 B 中,古近系方家河组红色泥质砂岩层与中、下更新统棕红色砂砾石层呈逆断层接触关系。贴近断面处砾石定向排列,断层破裂楔内发育片状—片块状构造岩。断层 F 内断面较光滑、平直。断层上覆全新统残坡积层,未被切割(图 2-2-31)。此剖面的断层判定为更新世断层。

图 2-2-30　剖面 B 中断层地质地貌照片(镜向:NW)

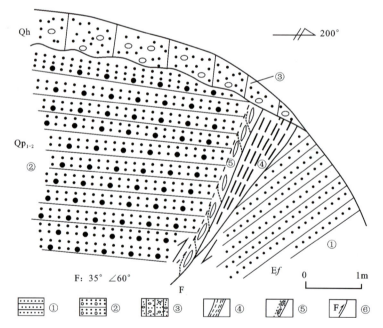

①古近系方家河组;②中、下更新统砂砾层;③残坡积层;④棕红色片理状、片块状泥质剪切楔状体;
⑤片理状断层泥状物质与定向排列砾石带;⑥断层。

图 2-2-31　土地岭垃圾填埋物东南简易土路旁断层地质剖面图(据闵伟和郑水明,2010)

3. 剖面 C(图 2-2-32;坐标:N30.3754°,E111.6149°)

剖面 C 中,古近系方家河组逆冲于下更新统云池组之上,断层产状为 210°∠45°～65°。上盘断面一侧可见紫红色、姜黄色片理化断层泥和片块状剪切破裂变形带,出露宽度 2～3m,许多剪裂面平整光滑;下盘剖面一侧可见砾石定向排列和姜黄色碎粉与角砾,宽 1～2m(图 2-2-33)。此剖面鲜明地展示了方家河组砖红色泥质砂岩逆冲于下更新统云池组之上而产生的较强烈剪切变形带,是早更新世末期构造幕的产物。继而向南东追踪至江边,在 2km 内仍可见方家河组与云池组呈断层接触的形迹。

图 2-2-32　剖面 C 中断层地质地貌照片

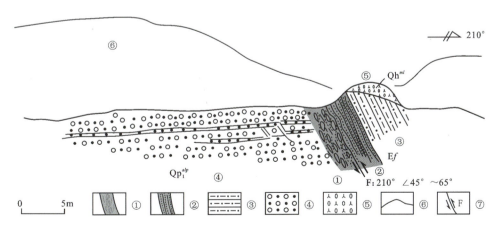

①灰黄色定向砾石排列变形带;②紫红色、姜黄色、灰白色片理化断层泥,片块状剪切变形带;③方家河组砖红色泥质砂岩;④云池组姜黄色砂砾层;⑤棕红色黏土砾石层(人工堆积);⑥善溪窑组构成的岗地上部轮廓线;⑦断层。

图 2-2-33　土地岭垃圾填埋场东南采砾场断层地质剖面图

4. 剖面 D（郑家冲，覃某家上山路口公路旁，现已被覆）

1996 年野外调查发现了天阳坪断裂第四纪断错活动的地层证据和断错剩余形变。现就该断裂南支郑家冲槽探实测情况描述如下。

1）剖面岩土性状（非层序关系）

剖面 D 岩土性状如图 2-2-34 所示。

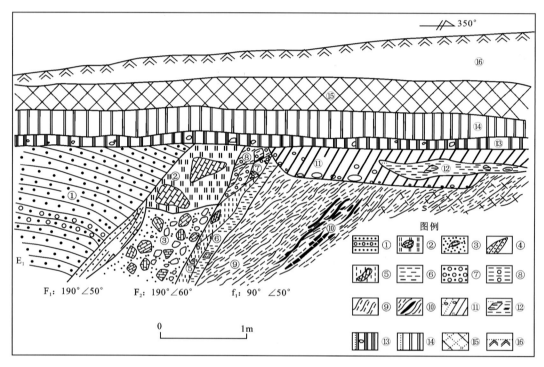

①古近系方家河组紫红色厚层砂岩，夹黄色砂砾薄层，夹层厚 12cm，倾向 40°～50°，倾角 10°～30°；②棕红色黏土充填体，其中夹有大小不等的棱角状砾石，砾石成分为灰岩，大多可达 35cm×20cm，岩性松软；③黄色含粉砂砾石充填体，砾石大小混杂，大者 15cm，棱角状，成分为灰岩，其间为粉砂充填，半成岩状；④褐黄色透镜体粉砂微条块，与断层 F_1 平行发育密集剪裂隙；⑤灰绿色泥质条带，夹含细小碎砾和稍大灰岩碎块，具透镜体堆积特征；⑥黑色泥质条带，^{14}C 测年值为 (18 200±1200)a；⑦紫红色砂砾岩透镜体，具透镜体堆积特征；⑧灰黑色、灰绿色含砾泥质透镜体，^{14}C 测年值为 (16 900±439)a；⑨灰黑色断层泥，具密集的黑色泥质条纹；⑩志留系灰黑色碎裂岩，具稀疏的黑色泥质条纹；⑪棕红色黏土砾石层，砾石较小，分选差，但磨圆度好，大者 15cm；⑫灰白色泥岩碎屑透镜体；⑬灰黑色黏土层，含少量微砾石，磨圆度好，^{14}C 测年值为 (16 900±439)a；⑭⑮⑯ 分别是棕褐色黏土、棕红色亚砂土层和现代植被层。

图 2-2-34 天阳坪断裂南支郑家冲槽探实测地质剖面（据甘家思，1996）

2）断层分析

该探槽开挖点位于郑家冲溪谷的Ⅱ级阶地上，高出漫滩 8m。在断裂中，断层 F_1、F_2 呈现出极为清晰的剪切错动面，倾向相同，倾角 50°～60°；唯有 f_1 不甚清晰，但⑨和⑩岩性差异明显。剖面中，②、③、⑤、⑥、⑦、⑧岩土要素单元不是原生构造岩，而是断层堆积被错切卷入断裂变形带内或充填堆积物。它们很可能分别代表一次构造断错事件。根据堆积序次与新老充填楔之间的堆积,顺序依次是⑧、⑦、⑤、⑥,但⑧、⑦、⑤也可能为一次断错事件的不同充填物,由倾向判定它们不新于晚更新世早期。此外,充填楔②和③的时代按本区第四系岩相特征,分别判定为早、中更新世。

尽管断层位错导致近地表层出现雁列张裂缝,因而形成断裂充填堆积;但从几何关系和剩余形变特征观察,此剖面显示天阳坪断裂南支郑家冲段古近系方家河组与志留系呈逆断层接触。方家河组在此剖面南侧不远处即按区域产状倾向南南东,但在近断层处倾向北东,并且呈现逆掩牵引特征。

根据未被断错的灰黑色黏土层⑬的测年值,通常可以判定这是该断层点位最后一次活动的上限。现依据⑥和⑧的^{14}C测年值,推断晚更新世末期,这一断层可能有 2 次断错事件发生。值得注意的是,断层堆积充填楔②、③宽达 1m 左右,推断有较大的构造断错事件在此时发生。

5. 剖面 E(郑家冲,覃某家屋场地,山丘上,N30°30.245′,E111°18.034′)

1)岩土性状(非层序关系)

在宜都市红花套镇鄢家沱村郑家冲五组覃某家屋前场地东缘开挖探槽,可见志留系罗惹坪组与古近系呈逆断层接触关系(图 2-2-35、图 2-2-36)。

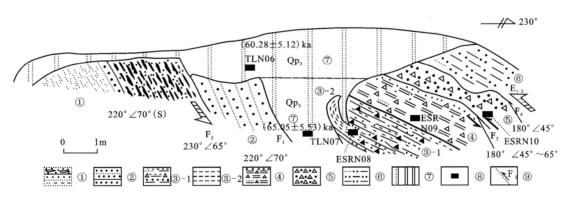

①志留系的片理状、片块状和薄扁豆体灰白色、灰绿色构造岩,被碎粉泥胶结;②志留系细砂岩断片,呈破碎块状;③-1灰黑色薄片状断层泥状物质,夹碎粉岩,细小断层角砾,半胶结;③-2岩性同③-1,但被⑦棕红色黏土充填楔(Qp₃)分隔;④灰绿色断层泥状物质,夹碎角砾碎粉,可塑;⑤姜黄色砂砾岩构造形变而成的断层碎粉岩、角砾岩和少量泥状物质,铁锰淋漓较强,胶结状态;⑥古近系泥质砂岩;⑦棕红色黏土;⑧测年样品采点;⑨断层及编号。

图 2-2-35 天阳坪断裂郑家冲地质剖面图(据甘家思和蔡永建等,2010)

2)断层分析

观察表明,该断裂在喜马拉雅第Ⅰ幕始新世末曾有较强的逆冲-逆掩活动,导致古近系红层逆冲于志留系之上,由于构造岩中有③灰黑色半胶结薄片状断层泥状物质和④灰绿色软塑状断层泥状物质,F₃断面光滑,微波状弯曲,新滑动剪切面特征鲜明,但未切割棕红色黏土坡积层(Qp₃),这显示了低位错量盲断层最新活动信息。此外,注意到沿断裂充填的棕红色黏土楔（Qp_3）没有遭受变形，也没有明显铁锰淋漓的特征，同时也考虑到浅地表土层 TL 法年龄测定结果具有明显偏新的特点，判定其形成时代为晚更新世早期，这或许暗示了一次断错充填活动，但可以肯定断裂曾于早更新世—中更新世晚期有过活动。

图 2-2-36　天阳坪断裂郑家冲地质剖面探槽及断裂带局部典型照片（镜向：E）

6. 剖面 F（前述郑家冲探槽剖面东侧 3.5km 公路旁郑家老采石场路边）

1）剖面岩土性状（非层序关系）

剖面 F 岩土性状如图 2-2-37 所示。

2）断层分析

剖面 F 显示了如下信息：①F 与 F′ 之间的构造变形带宽达 15m，杂色断层泥状物质与裹于其内的奥陶系灰岩、志留系泥质砂岩碎裂岩块一同产生逆剪变形，早期的方解石脉亦碎裂变形为透镜体群；②这一构造变形带的构造岩物质判定为以断层充填堆积为主，原生构造碎粉岩、角砾岩和断层泥状物质为辅；③杂色断层泥状物质松软、湿润，其内充填后变形的棕红色、棕色泥状物质的色相与中更新世沉积色相类似，故而判定断裂曾于中更新世活动。此外，采取 F 处暗灰绿色断层泥状物质进行 SEM 年代测定，结果显示断裂曾于上新世—早更新世显著活动。

因此，综合判定天阳坪断裂为早中更新世断裂。

第二章 湖北省主要断裂活动特征

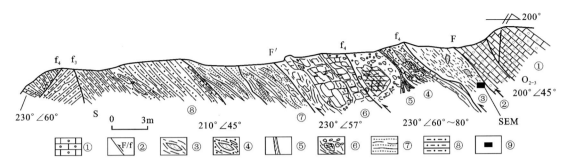

①奥陶系结晶灰岩；②主断层/次级断层；③暗灰绿色碎裂岩块，夹同色为断层泥状物质和灰岩碎块，间夹志留系、奥陶系碎裂岩块，宽3m；④灰绿色、棕红色、暗色断层泥状物质、片理化构造岩，间夹志留系、奥陶系碎裂岩块，宽3.5m，早期的方解石脉碎裂后变形成透镜体群，倾向240°，倾角50°；⑤弧形次级破裂为棕色断层泥状物质充填，并变形，产状320°/SW∠60°～80°，F'断面阶状，产状230°/57°；⑥断层泥状物质与片状岩共生，灰岩碎块呈弯曲变形，亦上冲；⑦灰绿色断层片状构造岩，产状140°/SW∠40°，原岩为志留系泥质页岩；⑧灰绿色碎裂带，原岩为志留系，产状210°∠45°；⑨采样点。

图 2-2-37　天阳坪断裂南支郑家老地质剖面
(据中国地震局地震研究所，甘家思和刘锁旺，1995)

八、公安-监利断裂（F_{26}）

公安-监利断裂为宜都-公安断裂东段，该断裂在松滋老城西被北东向枝江断裂所截，并在松滋老城西江边发现北西向松滋断裂露头。下面以松滋老城断裂剖面为例进行描述。

典型剖面位于松滋老城西北江边，西距红溪口约900m（N30°20.589′，E111°40.997′）。如图2-2-38所示，北西向断裂发育于古近系中，断裂下盘岩性为薄层状灰白色、灰绿色、紫红色杂色钙质泥岩，断裂上盘岩性同下盘。断裂上、下两盘岩层在垂直方向和水平方向上均发育牵引构造，显示断裂为左旋逆断层（图2-2-39～图2-2-41）。靠近主断面的岩层已被断层作用改造成片状—片块状，没有新的断层剪切滑动面和伴生断层泥。

主断层F断面未见新的滑动结构面，其破碎带宽2～3m，带中构造岩以片状碎裂岩为主，夹碎粉岩，均已固结。f_1为上盘次级断层，减压性片块状构造岩已被钙质固结。

由于断裂构造岩呈胶结—固结，因此，它构成伸向江水边的江岬，在长江汛期被淹没，但不易被侵蚀。观察表明，断裂上覆的全新世灰褐色黏土没有被错动变形。

为了确定断裂在早第四纪是否活动，对断裂向南东延伸的江岸边丘岗进行调查。丘岗顶面高程60m，平坦，没有拗折和陡坎，为中更新统冲—洪积形成的长江Ⅲ级阶地（T_3），厚15～20m。下段为棕红色黏土砾石层，冲洪积相；中段为褐黄色粉质黏土，含少量圆砾，冲积漫滩相；上段为深褐色黏土，富含铁锰淋漓结构。丘岗上开拓了一系列剖面，均未发现断裂切割形迹。

北西向松滋老城断裂切割始新统，是喜马拉雅第Ⅰ幕强烈左旋逆移形变产物；江汉油田大量的物探和钻探资料均揭示有这一幕构造运动。由于该断裂构造岩钙质胶结—固结，没有切割上覆中更新统Ⅲ级阶地（T_3），也没有控制下更新统Ⅳ级阶地（T_4）与Ⅲ级阶地（T_3）的

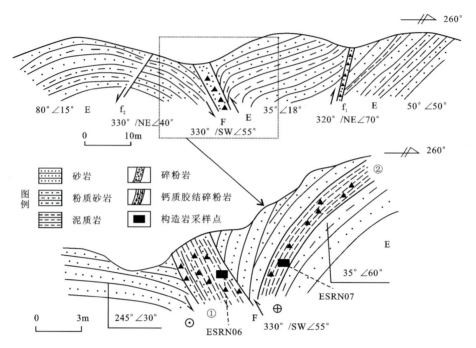

①杂色片状—片块状碎粉岩,钙质胶结;②灰绿色碎粉岩,钙质胶结;E.古近系;F.主断层;f_1、f_2.次级断层;⊙/⊕.水平左旋位错;ESRN07、ESRN06.构造岩采样编号。

图 2-2-38 松滋老城断裂地质剖面图(下图为上图主断层 F 局部)

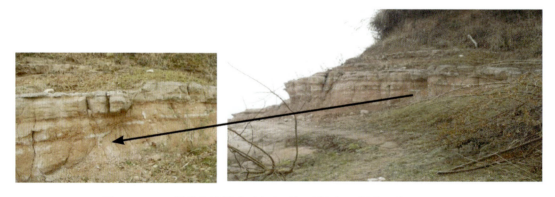

图 2-2-39 松滋老城断裂下盘古近纪地层及 f_2 断裂照片(镜向:SE)

转折部位,综合判定其为前第四纪断裂段。

公安推测段处于公安斜坡单斜带内;公安麻河口以东至监利推测段处于华容隆起北翼隐伏斜坡带中。据江汉油田地震勘探揭示:公安至麻河口段呈现向北东倾滑的正断层组构造型式,断层走向335°,倾向北东,视倾角45°,切割白垩系、古近系和其下底垫层,最大复合断距500m,但未切割上覆新近系、第四系,仍为公安斜坡单斜带的前新近纪构造。

图 2-2-40　松滋老城断裂下盘片理状构造及上盘片状—片块状构造照片(镜向:SW)

图 2-2-41　松滋老城断裂上盘岩层照片(镜向:SW)

此外,湖南省华容小墨山核电厂近场区地震地质勘察在监利西侧布设 3 条跨断层浅层地震测线的成果均显示:公安-监利断裂东段未切割第四系,为前第四纪构造(中国地震局地质研究所,2006)。

综上所述,北西向宜都-公安断裂松滋以东公安-监利断裂为前第四纪断裂。

九、半月寺-洪湖断裂(F_{32})

半月寺-洪湖断裂由当阳半月寺向东经江陵川店、拾回桥,在后港镇南侧进入长湖湖区后继续东延,至潜江丫角、监利周老咀,直至洪湖,总体呈305°方向延伸,倾向南,倾角较陡,全长约180km。该断裂西端段称为半月寺断裂,构成枝江凹陷北界;中部西段由拾回桥断裂构成江陵凹陷北界;中部东段则为丫角凸起古潜山断裂带,构成江陵凹陷和潜江凹陷之间的边界;而东端段即为陈沱口半地堑北缘边界周老咀断裂。此外,自西而东,半月寺-洪湖断裂分别与枝江断裂、万城断裂、荆门-南漳断裂、潜北断裂和通海口断裂相交错。

江陵凹陷北缘边界拾回桥断裂亦被称为纪山寺断裂。该断裂在江陵凹陷发育时已存在。断裂南、北两侧白垩系和古近系的沉积厚度有明显差异,南厚北薄,正倾滑总断距约1500m(图2-2-42)。古近纪晚期,断裂活动加剧,在始新统潜江组(Eq)堆积时,北盘抬升,致使缺失该组上部层位(Eq^2)和渐新统荆河镇组(Ejh)。断裂具同生性质,表现为古近系堆积后,断裂经历过一次挤压抬升过程,沉积地层与渐新世火山岩一起轻微变形,同时沿断裂产生一系列平行的次级小断层。

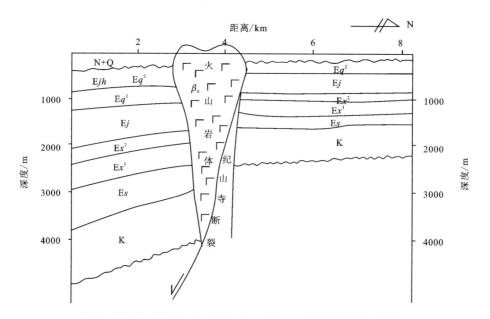

N+Q.新近系—第四系;E.古近系;K.白垩系;β_6.喜马拉雅期玄武岩体。

图2-2-42 半月寺-洪湖断裂江陵北纪山寺断裂地质剖面图(据冯年忠,2000)

卫星影像判读表明,由半月寺向北西存在线性切割影像,涉及地层为当阳南跑马岗一带上白垩统、古近系和中更新统冲洪积层。江陵北川店至纪山寺北侧—拾回桥东侧一带亦存在清晰的线性切割影像,涉及地层为上覆中更新统的古近系和新近系。

卫星影像和野外调查研究表明,川店—拾回桥以东断裂一线具有如下构造地貌现象:其一,新埠河水系自北而南流逝至断裂一线时明显汇聚,并折转成西东流向后再转向北南流向。其二,拾回桥东西一线20km地带北侧为高程50~80m岗地,地表第四系为中、上更新统,厚度普遍小于20m;而南侧为河湖平原与低丘岗,高程30~40m,地表第四系为全新统—上更新统,厚度普遍达20~40m。其三,线性构造影像疑似有切割北侧岗地南缘一系列条状垄岗的迹象。

为了探索证实半月寺-洪湖断裂拾回桥断裂段及其上盘构造纪山寺断裂是否切割上更新统—全新统,在纪山镇左漆铺村和纪山镇四方社区分别布设了DZ3、DZ4和DZ1、DZ2浅层地震反射波法勘探剖面,其中,DZ3测线浅层反射图像最具代表性。结果表明,断裂均切割新近系、古近系,其风化壳顶部似有断阶存在,但未切割上覆上更新统—全新统。此外,在区域上,北西向半月寺-洪湖断裂对江汉盆地新近系、第四系等厚线分布具有明显的分异影响。

沿断裂小震成带状分布,曾发生1973年12月17日张家湾3.0级地震、1981年12月31日四方铺2.2级地震和1996年10月25日四方铺2.0级地震等。

综上所述,半月寺-洪湖断裂为早中更新世断裂。

十、仙女山断裂带(F_{34})

该断裂带构成黄陵断块西南缘边界,总体走向340°,北起秭归荒口,经周坪、贺家坪,止于五峰渔洋关,全长近90km。通常分为3段:北段即狭义的仙女山断裂;中段称都镇湾断裂;南段称桥沟断裂。

1. 调查点1:都镇湾断裂晓溪实测地质剖面

该调查点位于都镇湾镇南晓溪省道公路南侧,为拓宽公路开拓剖面。

1)剖面中岩土性状(图2-2-43)

①全新统棕褐色黏土砾石坡积层;

②棕黄色黏土砾石层,属上更新统洪积—坡积相Ⅱ级阶地后缘残留堆积;A_1、A_2堆积层被断错,垂直断距30cm;

③灰黄色松散岩粉、黏土砾石堆积,砾石呈棱角状,属坡积—充填,B_1(B_{1-1},B_{1-2})堆积层被断错,垂直断距不小于60cm;

④灰白色松散岩粉、黏土与砾石堆积楔,砾石呈棱角状,C与B_2、B_3堆积楔之间为破裂面分割;

⑤灰白色块状钙质胶结的断层角砾岩;

⑥片理化黑色断层泥及透镜体,在片理化黑色断层泥透镜体左边缘采样,^{14}C测年值为(29 000±1300)a;

⑦奥陶系青灰色灰岩。

2)断层分析

该调查点位于都镇湾断裂尾端部,主干断裂发育于奥陶纪灰岩中,走向由北北西偏转为北北东(5°),故此右旋走滑导致尾端部呈现张剪性。图2-2-43中断层破裂结构带宽约

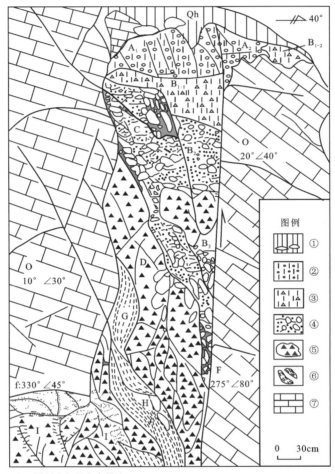

注：图例注解见文中描述。

图 2-2-43 仙女山断裂带中段(都镇湾断裂)晓溪开挖实测地质剖面图
(据甘家思，1997)

2m，带内各堆积楔体受断层破裂系统约束。断层 F 剪切强烈，如刀切，产状 275°∠80°，断错 A 和 B_1 层，属黏滑断错，A_1、A_2 黏土、砾石堆积层底界面断差约 30cm，B_{1-1}、B_{1-2} 黏土砾石堆积层底界面断差不小于 60cm。断层内部岩土具有楔状排布特征，除 D、I 主要为块状钙质胶结的原生断层角砾岩外，其他 B_2、B_3、C 和 G 为原生构造岩与外来混杂堆积。黑色片状断层泥及黑色黏土充填仅在 D 以下裂面和透镜体外缘产出。其透镜体 G 边缘黑色片状断层泥 ^{14}C 测年值为(29 000±1300)a。这表明，发育于灰岩中的断层，其构造岩可随断层内流水搬运堆积，并且流水同时携带大量非构造岩岩土物质。尤其重要的是，断错导致的张裂缝使块状断层角砾岩 D 侧向异位，并且向下坍塌变宽。A、B 和 C 断层堆积充填楔分别表示 2.9 万 a 以来 3 次构造事件，但最后切割 A 的事件缺乏准确的时间约束。假定①全新统时代为 1 万 a，则这 3 次构造事件的平均复发间隔约 1 万 a。

2. 调查点 2：周坪黑槽槽探地质剖面

此调查点位于周坪河南岸Ⅱ级阶地后缘农田陡坎处。

1）剖面中岩土性状（图 2-2-44）

①白垩系（K_1）紫红色泥质砂岩，岩性较完整；

②白垩系（K_1）紫红色泥质砂岩，岩性破碎，节理密集，形成碎裂状楔块，并且与⑨接触断坎处呈破裂小块，主断面 F 上陡下缓，具红色片理化断层泥，收敛于主断面的旁侧次级裂面亦有红色片理化断层泥；

③灰白色片理化断层泥、岩粉带，含棕黑色锰质结核透镜体群和灰绿色砂岩核透镜体群，揉皱强烈；

④灰白色与被紫棕红色泥质浸染的杂色片理化断层泥、岩粉带，揉皱强烈；

⑤棕红色黏土充填楔 A、B、C 和充填透镜体 D，边界均受裂面控制，边缘呈现片理结构，并且渐收敛于裂面，成为宽 1～3cm 的片理化断层泥，充填透镜体 D 被后期裂面剪断，这些充填体黏土较纯，少许小碎砾裹于其中；

⑥原岩为志留系灰绿色砂岩的碎裂岩透镜体，夹于棕红色黏土充填楔之中；

⑦、⑧、⑩原岩为志留系灰绿色砂岩的透镜体群碎裂岩块带，其中⑧比⑦要完整些，⑩则为较完整的岩块；

⑨上更新统—全新统冲洪积物与坡积物，该处为周坪河南岸Ⅱ级阶地后缘断层陡坎处，东侧发育小冲沟，西端外侧有一高差约 3m 的全新世冲沟，⑨-2 为棕褐色黏土砾石层，砾石磨圆度较好，大者达 15～20cm，与白垩系微断块楔②接触部位发育裂隙，受明显扰动，尤其是⑨-2 向下的楔尖处具有片理发育特征，⑨-1 为松散淡褐红色冲积、坡积层；

⑪单个灰岩透镜体，从别处错切带来。

2）断层分析

观察结果表明：黑槽槽探剖面显示了仙女山断裂带中黑槽断裂段的逆冲断错特征，即白垩系逆冲于志留系之上，并且主断面 F_1 东倾，其构造变形带西端的小断层 F_2、F_3 与所夹之微菱形断块群清晰地展现了逆掩剩余形变。整个松散构造破裂变形带中以铁锰核透镜体群和灰绿色砂岩核透镜体群与片理化构造岩揉皱强烈为其主要特征，而在此种强烈冲断剪压破裂系统中出现的较纯净棕红色黏土充填楔和充填透镜体，无强风化特征，不含铁锰结核，故推断它成生于晚更新世后期为宜，并且其后尚经受至少一次强构造变形，或被剪断，或被片理化。此外，尤其值得关注的是，白垩系微三角楔状断块②非常破碎，与冲洪积、坡积物⑨-2 断坎接触处呈碎块状；若此断坎为先成，则碎块会崩落，而不存在断坎坎肩；只有后成，才能快速冲断于全新统堆积物之中，即使坎肩处更破碎，也使堆积物⑨-2 遭受明显破裂扰动变形，冲断距不小于 30cm。简言之，晚更新世末期以来，黑槽断裂段至少有一次构造断错事件发生。它可能与 3 万 a 前九畹溪（张家坡—界垭）特大超远滑坡事件相关。

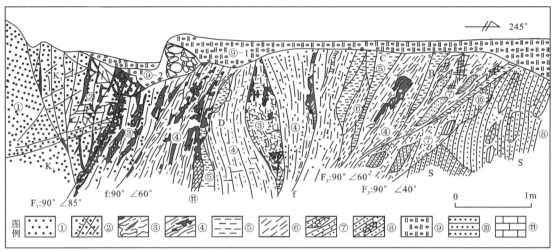

注：图例注解见文中描述。

图 2-2-44　仙女山断裂带黑槽槽探实测地质剖面图

(据中国地震局地震研究所，甘家思，1996)

3. 调查点 3：都镇湾镇松林口断层剖面(一)

2012 年中国地震局地质研究所实施"三峡库区三期地质灾害防治"重大科研项目时，在对仙女山断裂带调查过程中发现了松林口两条第四纪断层。

在松林口见到两个似乎显示断裂有新活动的剖面。剖面一为村民开挖地基挖出(图 2-2-45～图 2-2-47)。剖面显示，志留系黑色泥岩破碎带中发育多个新的断层面，其中沿一断层面有宽约 20cm 的砾石定向排列条带，断层面平直光滑，断层断错晚更新世坡积砂砾石层[样品 SL-TL-02 的 TL 法年龄为(44.01±3.74)ka]。该砂砾石层没有胶结，顶部没有覆盖层。

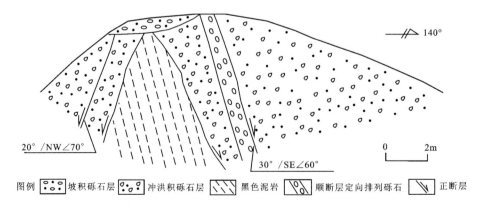

图 2-2-45　仙女山断裂带松林口断层剖面(一)(据中国地震局地质研究所，2012)

图 2-2-46 都镇湾断裂松林口断层剖面(一)露头照片 1
（据中国地震局地质研究所，2012）

图 2-2-47 都镇湾断裂松林口断层剖面(一)照片 2
（据中国地震局地质研究所，2012）

4. 调查点 4：都镇湾镇松林口断层剖面(二)

在松林口还见到另一断层剖面，为修公路开挖的断层剖面（图 2-2-48、图 2-2-49）。剖面显示，志留纪灰绿色砂砾岩与第四纪坡积砾石夹砂黏土呈正断层接触，断层带宽约 2m，内部充填红色、黄色黏土夹砾石。

图 2-2-48 都镇湾断裂松林口断层剖面(二)露头照片（据中国地震局地质研究所，2012）

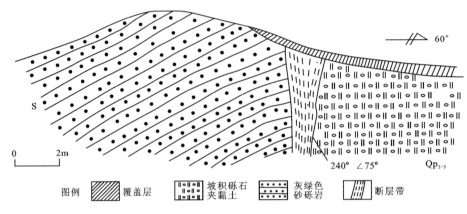

图 2-2-49 都镇湾断裂松林口断层剖面(二)(据中国地震局地质研究所,2012)

5. 断层采样年代学测定

有关仙女山断裂带活动年代的判定,前人做了大量工作,如表 2-2-1 所示。综合判定仙女山断裂带为中更新世断裂构造。

表 2-2-1 仙女山断裂带的第四纪活动岩样鉴定数据

断裂	分段	采样点	样品	测试方法	年龄/万 a	测试单位
仙女山断裂带	仙女山断裂	荒口	断层泥	TL	199±20	中国科学院地质研究所
		荒口	断层泥	TL	14.3±1.5	中国社会科学院考古研究所
		龙马溪	断层泥	TL	9.8±0.49	中国科学院地质研究所
		黑龙潭	断层泥	TL	114.0±10.0	中国科学院地质研究所
		周坪地震台河对岸黑槽剖面	断层泥	ESR	418±50、285±31、353±35、1064±138	中国地震局地震研究所
	都镇湾断裂	贺家坪镇白咸池北端分水岭剖面	同一部位断层泥	TL	309.41±34.03	中国地震局地震研究所
				ESR	1205±132	
			同一部位断层泥	TL	194.59±21.40	中国地震局地震研究所
				ESR	224.±22	
		青林口	断层泥	TL	3.36±0.25	中国地震局地震研究所
		晓溪	断层泥	^{14}C	2.9±0.13	中国地质大学(武汉)

十一、雾渡河断裂(F_{36})

该断裂北西自兴山县何家垭北,向南东经水月寺、茅坪、高场,至当阳峡口,全长约75km;走向300°～310°,倾向北东,倾角60°～80°,斜切黄陵结晶地块和上覆盖层。东段人工地震测深资料表明断裂切至中地壳上部。它形成于前震旦纪晋宁期,于古生代正逆交替活动;燕山期复活,显示左旋压剪性平移断层作用;喜马拉雅期仍有继承性活动。该断裂带宽50m,最宽处100m,发育构造角砾岩、碎粉岩和剪切变形带。断层泥显微结构显示切砾微断层和平行线状擦痕。

在马回坪段西端的冷风垭(图2-2-50),由震旦系灯影组灰岩破碎而成的灰白色碎粉岩宽达50m。其北侧可见宽近50m的剪切破裂带,灯影组灰岩被密集的剪切小断层群、剪节理切割成排列整齐的微型菱形角砾;而其南侧的剪切破裂带发育同向冲沟,形成沟南翼的一排侵蚀性断层三角面。马回坪东邻的许家垭开挖剖面显示的两条棕红色断层泥状物质分别宽达50cm和60cm,具片状结构(图2-2-51)。

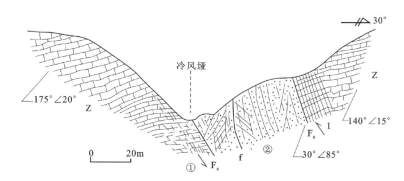

①剪切菱形角砾破碎带;②灰白色碎粉岩带;f.近南北向左旋横向小断层;F_s.主断层面;Z.震旦系灯影组灰岩。

图2-2-50 雾渡河断裂冷风垭地质剖面图

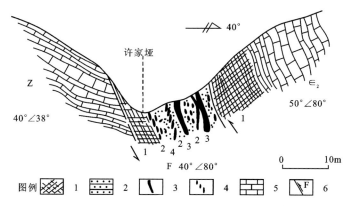

1.剪切菱形角砾破碎带;2.灰白色碎粉岩带;3.棕红色片理状断层泥状物质;4.微小剪压性透镜体群;5.震旦系灯影组灰岩;6.主断层;∈₂.中寒武统覃家庙组灰岩。

图2-2-51 雾渡河断裂许家垭地质剖面图

雾渡河断裂东段沿野人沟、齐家垭、魏家垭至西端余家垭—吴家垭一线,表现为强烈的向南南西微凸的弧形线性河谷、冲沟和垭口,暗示主断层高角度北倾。该线性河谷中,白垩系呈串珠状展布,构成谷中宽逾百米的低矮条状山脊;地层产状:走向320°,倾向北东,倾角60°～85°。砾岩、砂砾岩、砂质泥岩强烈破碎,发育大量的走向压剪性小断裂群和横向(南北向和北东向)剪张性小断裂群。与其相反,雾渡河断裂东端段峡口河南侧的下白垩统,岩性完整,倾向南或南东,倾角15°～25°(图2-2-52)。

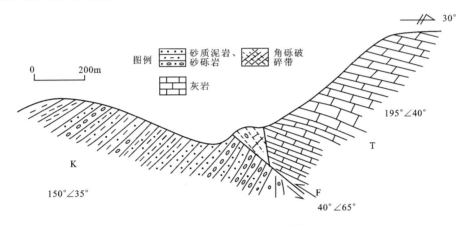

K.白垩系;T.三叠系;F.主断裂。

图2-2-52 雾渡河断裂峡口海军学校地质剖面图(据何超枫等,2016)

断层泥石英SEM鉴定表明,断裂新活动主期为晚上新世—中更新世,以左旋黏滑运动为主,兼少量稳滑运动。断层泥和其中变形方解石TL法和ESR法测年值分别为19万a、33万a,判定断裂于中更新世曾有活动(袁维,1996)。

综合上述分析表明,雾渡河断裂为早中更新世断裂。

十二、远安断裂带(F_{37})

该断裂带为黄陵断块东缘边界,控制晚白垩世—古近纪远安地堑的发育(图2-2-53),走向340°～350°。西断裂称为通城河断裂,长约120km,倾向北北东,倾角50°～80°;东断裂长约60km,倾向南西,倾角50°～80°。地堑宽度9～10km,基底断差3km,切入中地壳上部。

新构造期以来,远安地堑发育深切箱形谷地,其西侧为低中山、低山地貌,发育深切"V"形峡谷,东侧为低山、丘陵地貌,发育宽坦河谷和"V"形河谷,沿通城河断裂地形反差千余米,发育陡峭的断层崖。卫星影像显示断层切割的线性构造特征,绝大多数东向穿过断层的水系具有鲜明的右旋扭转现象。

西断裂的几何学相对复杂,呈右旋斜列展布,并被北西向、北东向斜向断层切割成大致相等的几个构造段,分段长度平均15km,构造段间的不连续点主要以斜滑断层的中断和地貌断崖障碍体为特征。该断裂自燕山期形成以来,经历过3次重要变形过程,形成复杂的应变带。现以峡口水泥厂新开辟采石场剖面为例,较详述之。地堑西断裂在此,主断裂界于三叠系嘉陵江组与巴东组之间,并影响到上白垩统罗镜滩组,主断面走向近南北,倾东向,呈弧

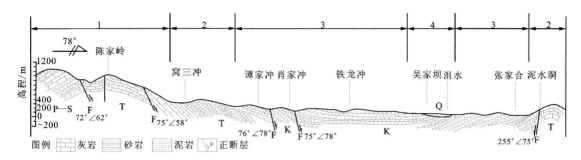

图例 ▨灰岩 ▨砂岩 ▨泥岩 ⚡正断层

1.灰岩、石英砂岩低山;2.灰岩砂岩丘陵;3.红岩丘陵;4.河漫滩、阶地冲积物;P—S.二叠系—志留系;T.三叠系;K.白垩系;Q.第四系。

图 2-2-53 远安地堑地质地貌示意剖面图(据袁登维,1996)

形,倾角约 65°,在纵剖面上亦显示"S"形,即左行右阶分布,变形带宽 50m 以上(图 2-2-54),由外缘至内分别出现粗碎裂泥质灰岩(宽 2m)、中至细碎裂岩或透镜体(6m)、碎粉岩、断层泥(1.5m)和方解石脉充填的碎裂岩(>2m)。罗镜滩组砾岩夹泥岩在此局部掩盖或者以不整合覆于巴东组之上,或者以断层接触(图中以虚线示之)。但密集发育的破劈理(110°～120°/NE∠80°)和较大的断层配套系统(f_1 和 f_2),都揭示该断裂在晚白垩世之后有一次强变形过程,σ_1 轴以北东-南西向居优,导致主滑面和次级破裂均出现右旋剪切运动。

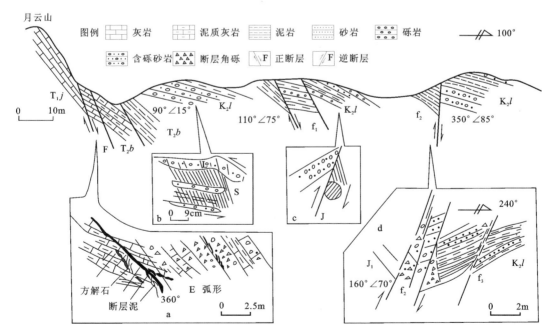

F.主断裂。a.主断裂呈弧形,走向近南北,倾向东,充填大量方解石脉,晚期示右旋滑动,构造岩带宽 15m;b.红层中的破劈理,产状 110°/NE∠80°,显示右旋剪切,L—砾岩,S—黏土岩;c.砾岩中的剪节理,显示右旋;d.红层中的断层。T_1j.下三叠统嘉陵江组;T_2b.中三叠统巴东组;K_2l.上白垩统罗镜滩组。

图 2-2-54 当阳峡口水泥厂至采石场一线通城河断裂剖面图(据刘锁旺等,1996)

远安断裂带西断裂南端段展布于当阳王店南北一线,呈北北西弧形切割的负向线性构造影像,沿断裂发育倾向西的断层三角面,地貌差异鲜明。在王店观湾水库古近系中可见断裂下盘(东盘)一系列喜马拉雅早期逆冲断层组,产状 0°～20°/W∠45°～85°,而且地层产状与之一致。该断裂的西侧为由玛瑙河中更新统构成的岗地,间有零星古近系、新近系北北东向条状岗岭,岗地顶面自北向南倾斜,高程 100～170m;然而断裂东侧则为跑马岗—沈家台低丘陵、高岗地、垄岗组合地貌,自北而南地层为上白垩统跑马岗组,古近系古新统—始新统、古新统和第四系中更新统,岗地顶面总体向南倾斜,高程 100～270m,并且半月寺西北王家岗中更新统砾石层出露,高程达 190～230m。显然,西断裂南端段东侧的跑马岗—沈家台低丘陵隆升区和西侧双莲寺鸦鹊岭玛瑙河枝状水系相对低凹区,是自新近纪以来断裂间歇性右旋剪切运动的地面变形产物,而且中更新世晚期曾有一次鲜明的活动。

自第四纪以来,除断裂两侧的垂直差异活动外,横穿西缘通城河断裂的四级水系(以长江一级,沮漳河二级,沮水三级为准),毫不例外地呈右旋扭转形式,河谷中分布有两级基座阶地和一级侵蚀(局部基座)阶地,即 T_1 全新统、T_2 上更新统、T_3 中更新统。判定这些水系出现在中更新世,据此估算自中更新世(距今 73 万 a 左右)以来通城河断裂的水平位移扭转速率平均为 2.2mm/a。现今 3 条距断层短水准测量资料显示,地堑仍具有振荡性下降趋势,垂直形变年速率东断裂为 0.058mm/a,西断裂为 0.028mm/a。断层泥 TL 法和 ESR 法测年值:东断裂约为 98 万 a,西断裂约为 28 万 a(袁登维,1996)。

远安断裂带上曾发生过一系有感震和轻破坏地震,1969 年马良 M_S 4.8(震中烈度Ⅵ度)为最大。宏观考察和仪器测定的参数表明,在北东-南西向主压构造应力场作用下,本次地震发生在断裂北段走向由 350°转向 330°的几何结构变窄段,是主断裂右旋剪张导致北西向构造挤压隆起、马良坪段(长 10～20km)储能释放的结果,或者在此段断裂右阶区东侧反扩容形成应力集中所致。

综合分析表明,远安断裂带为早中更新世断裂。

十三、胡集-沙洋断裂(F_{39})

胡集-沙洋断裂呈北西向延展约 150km,走向 340°,倾向北东,倾角 40°,属右旋正倾滑断层,为物探、钻探和地质资料综合证实的隐伏断裂。该断裂在晚中生代—新生代控制着汉水地堑的西界,上白垩统—古近系厚 4000～4500m,喜马拉雅运动第Ⅰ幕时反向褶皱抬升,上新世时复又沉降,形成新近纪连通南襄与江汉两个盆地的沉积廊道,堆积了数十至数百米厚的蒸发岩和碎屑岩。新近纪末又抬升变形,在胡集金牛山可见上新统砂砾层与元古宙混合花岗岩呈逆断层接触,并于早更新世又转变为正倾滑性质。汉水槽地第四系厚 50～100m,在现代地貌上,构成西部低山、丘陵与东部广阔河湖平原,或中晚更新世洪积、坡积和残积红土岗地与晚更新世冲积平原的分界线,山前断层残山与断裂沿线的串珠状温泉形成明显线性反差景观。野外勘查工作证实,沿带的汞气测量值高出背景值 10 倍。断层泥利用 SEM 法测定,其年代值分布于更新世。胡集-沙洋断裂金牛山段露头断层泥 ESR 法测年值为 (1259±123)ka,上覆未被断裂切割的褐红色洪泛残积黏土碎石层 TL 法测年值为(58.36±

4.96)ka。在断裂东侧的钟祥一带,1407—1620年,曾断续发生过2次5½级和2次5.0级中强地震。仪器记录的小震(相当多有感)频繁和集中。特别要提及的是,周明礼等(1998)在完成钟祥汉江铁路大桥工程地震考察时,发现在钟祥七里街和北湖潭山,有中更新世早期断层和相关史前地震断层及其伴生喷砂扰动现象。

1. 襄樊观音阁汉江西岸剖面

在襄樊观音阁汉江西岸陡崖矶头的震旦系莲沱组、南沱组底部砾岩中,可见该断裂西盘(下盘)在砾岩中留下的构造形迹。早期形成的粗砾岩,遭受后期区域动力变质变形作用后,砾岩中的砾石多被压扁拉长,呈透镜体状,具有优势定向排列特征。受胡集-沙洋断裂活动的影响,在砾岩中发育一组北北西向密集破裂面,破裂面平直,大多数切割砾石,延伸较远。从这些破裂面特征来判断,其属于一组剪裂面(图2-2-55)。该断裂在地貌上也有较为明显的反映:断裂西侧为丘陵、岗地地貌;东侧为汉水宽坦河谷。

图2-2-55 胡集-沙洋断裂观音阁汉江西岸地貌及破裂面
a.断裂地貌(镜向:N);b.震旦系莲沱组、南沱组砾岩中的剪裂面(镜向:NNE)

2. 钟祥胡集金牛山剖面

在胡集镇金牛山西缘与金牛山水库间的采石场,杨坡群与新近系呈断裂接触,断面产状70°∠40°(图2-2-56、图2-2-57)。断裂上盘(东盘)为上新统(Nd)土红色钙泥质胶结砂砾层,夹薄层红土砾石透镜体,为湖缘洪积相。砾石分选较差,砾径多为4~6cm,最大可达50cm,磨圆度较差,成分主要为灰岩、硅质岩、石英岩等,成岩性较差,产状为270°∠20°。砂砾层中发育3组小断层,均具有正断性质。下盘为杨坡群片麻状混合花岗岩,下掘40余米未见底。主断裂带从内向外依次发育断层泥状物质、片状构造岩。断层泥状物质,厚3~5cm,已经固

图2-2-56 胡集-沙洋断裂金牛山
露头地貌(镜向:340°)

结,样品 ESR 法测年结果为(1259±123)ka。断层上盘覆盖褐红色含砾石黏土,内含铁锰质薄膜,未受断层扰动,样品 TL 法测年结果为(58.36±4.96)ka。

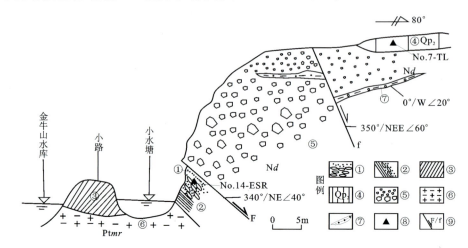

①断层泥状物质;②断层破碎带;③回填土;④第四系中更新统(QP_2);⑤新近系上新统(Nd);⑥元古宙混合花岗岩($Ptmr$);⑦薄层红土砾石透镜体;⑧采样点;⑨断层。

图 2-2-57　胡集-沙洋断裂金牛山地质剖面图(据蔡永建,2015)

此外,在胡集镇格子山西缘人工露头,杨坡群与新近系呈正断层接触,断面因溶蚀强烈,粗糙、凹凸不平。上盘顶部覆盖土红色、棕红色含少量砾石黏土层,构成汉水支流Ⅱ级阶地后缘,上断点上覆地层未受扰动。

同时,在胡集-沙洋断裂西侧分支断层上采集的断层构造岩,经 ESR 法测年,结果分别为(1405±140)ka 和(1262±126)ka,均显示断裂在第四纪早更新世有过活动。

金牛山顶高 110m,宽约 600m,呈北北西向条带状延伸约 2.4km,为新近系砂砾岩。上覆褐红色洪泛—残积碎石黏土(Qp_2),可见最大厚度为 1.5m,内含铁锰质薄膜,与上新统顶面间不发育铁锰质胶结层。新近系中发育的一系列次级正断层均未切割上覆红色碎石黏土层,并且断面呈胶结状(图 2-2-58、图 2-2-59)。

图 2-2-58　金牛山上新统构造地貌(镜向:S)

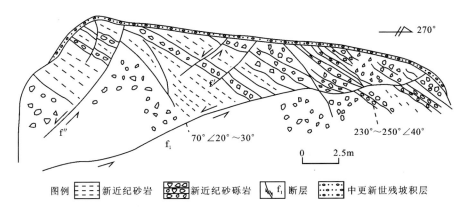

图2-2-59　金牛山上新统中正断构造系统剖面(据蔡永建,2015)

剖面分析表明:断层系统在金牛山未切割坡麓的中更新世残坡积层,在延伸方向没有线性切割形成垭口或陡坎。断层构造岩为灰黑色、灰黄色断层泥状物质及碎块,因风化而松散,断面平直,但不甚光滑,残留有擦痕但无新鲜擦痕和擦面。主断面断层泥物质ESR法测年结果为(1259±123)ka(武汉地震工程研究院,2007)。据此判定断裂新近纪末至早更新世早期有活动,经历了正倾滑→反向逆断→正倾滑的运动过程,但未见晚更新世以来活动证据。

在钟祥七里街笼担山和北湖潭山发现第四纪断裂(图2-2-60、图2-2-61),分别控制和切错中更新世砂砾石。在钟祥七里街以北的中更新世砂砾层中发现有喷砂喷砾孔(图2-2-62、图2-2-63)

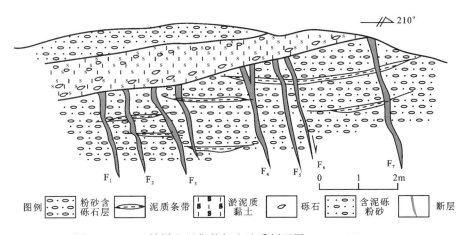

图2-2-60　钟祥七里街笼担山地质剖面图(据周明礼等,1998)

在断裂东盘钟祥地区于1407年、1469年、1603年和1620年共发生4次5～5½级地震,现代小震较为频繁。1969年保康4.8级地震,虽然钟祥距震中大于100km,但仍有Ⅴ度的烈度异常。1971年远安瓦仓2次3级左右的地震,也在钟祥地区产生Ⅳ度的烈度异常。

综合上述地震地质及断层物质测年资料,判定胡集-沙洋断裂为中更新世断裂。

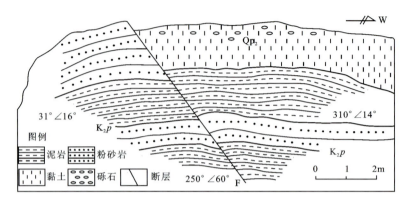

图 2-2-61 北湖潭山断层地质剖面图(据周明礼等,1998)

图 2-2-62 钟祥七里街中更新世地层中的喷砂喷砾孔(镜向:NE)

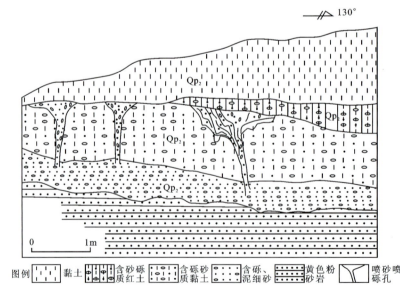

图 2-2-63 钟祥七里街中更新世地层中的喷砂喷砾孔地质剖面图(据周明礼等,1998)

十四、南漳-荆门断裂（F_{40}）

南漳-荆门断裂是一组右行右阶斜列展布的复杂断裂，呈现鲜明的锯齿状结构和分段性特征，全长约150km。断裂总体方向及主干断裂呈北北西向，分支断层多呈北北东向及南北向。断面总体倾向东，但受喜马拉雅期逆断运动影响，地表层多处断面反转，而常见倾向西，倾角50°～85°。断裂切割震旦系、古生界、中生界沉积盖层，并下切至中地壳顶部，形成于印支期，燕山期强烈活动，控制晚白垩世—古近纪荆门地堑西缘边界，构成荆山当阳地垒与荆门槽地之间显著的差异地貌景观。该断裂除构造岩反复变形显示的迹象外，在地貌上一般呈现70～120m的反差，流经断裂的河流，绝大多数以右旋扭动为特征。沿断裂有众多上升泉水分布，如上泉村低温珍珠泉群。断层泥SEM法测定结果表明，断裂活动时代为新近纪—中更新世。

在荆门北南桥镇上泉村汉江集团石灰厂建设工地，可见南漳-荆门断裂强烈逆冲构造变形带形迹（图2-2-64、图2-2-65），上白垩统被密集断层错切，甚至发育凸向北的平卧褶曲，带宽约200m。断面走向350°，倾向西，倾角85°。西盘（上盘）奥陶系、三叠系灰岩构成高耸的面朝东的断崖，断坎下即东盘（下盘）为上白垩统岗地，坡面陡峻。上盘灰岩倾向西，倾角25°～40°；下盘上白垩统泥岩、砂质、泥岩，走向330°～10°，自东而西倾角由45°增大为80°，直至近断面处反向倾向西，倾角85°。尤其值关注的是，在接近主断层陡坎处，上白垩统砂质泥岩中发现沿次级断层充填的深棕褐色黏土中有一波状弯曲的破裂面，产状10°/SEE∠80°。破裂面平整延展，因采掘出露约8m²，面上附着有薄层灰绿色泥膜，呈正

图2-2-64 荆门北南桥镇上泉村汉江集团石灰厂建设工地部分地质地貌影像（镜向:SSW）

倾滑特征，但无新鲜擦痕，亦未切割地表坡积层。观察表明，该深棕褐色黏土充填楔体规模较大，色相有别于上白垩统红层，夹极少碎石，铁锰淋漓较强，富含铁锰质结核，发育斑状粗网纹，判定为中更新世断层坡中谷堆积。据此分析，断裂活动与坡中谷堆积楔密切相关，并且随后又发生一次断错事件，这都显示断裂在中更新世曾明显活动。

尽管历史地震资料未记载南漳-荆门断裂展布地段有破坏性地震发生，但1959年以来现代地震台网记录显示沿断裂展布地带有感震时有发生，微震频繁。如1973年10月10日荆门城关3.9级地震和1983年荆门子陵铺3.0级地震，这两次地震的震源机制解均显示北西向发震断层具有右旋走滑特征。

综上所述，南漳-荆门断裂早第四纪曾有明显活动，其边界主断层右行右阶锯齿状结构和分段性特征，是主断裂右旋走滑闭锁储能条件。尽管史料没有记载该断裂上有相关中等地震发生，但现代有感震和微震沿断裂展布地段分布，显示了断裂具有发生中等地震的可能。

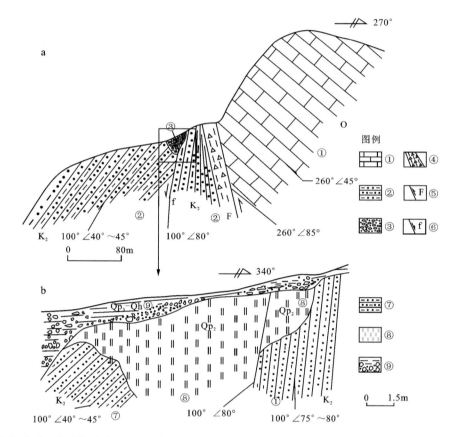

①奥陶系;②上白垩统;③中更新统充填楔;④断层破碎带;⑤主断层;⑥次级断层;⑦上白垩统泥质砂岩;⑧中更新统深褐色黏土;⑨现代堆积与坡积。

图 2-2-65 荆门北南桥镇上泉村汉江集团石灰厂南漳-荆门断裂地质剖面(据蔡永建,2019)

综合分析表明,南漳-荆门断裂为早中更新世断裂。

十五、皂市断裂(F_{42})

皂市断裂北段走向北北西,南段走向近南北,呈右行右阶展布,构成云梦-应城凹陷的西界,总体倾向北东或东,倾角40°～60°,但在高关水库局部产状倾向南西,倾角约87°。沿断裂北段可见已胶结的宽大的断层角砾岩、糜棱岩带,但新的构造破裂亦较发育,在左家畈一带见宽约1m的黄色碎裂岩粉带。断裂南西侧元古宇打鼓石群至震旦系—寒武系组成丘陵、低山,北东侧上白垩统—古近系组成低岗地和宽坦的富水河谷。据调查,近断裂地表迹线上盘东侧上白垩统—古近系发育条状断块台地,台地前缘构成微地貌陡坎,红层中破裂密集,富水支流大都呈右行偏转特征。断裂南段隐伏于第四系之下,皂市温泉沿线发育,断裂迹线两侧为中更新世冲洪积地层构成的低岗地。现代地震台网监测表明,$2.0 \leqslant M \leqslant 3.0$级小震沿断裂展布。此外,2019年12月26日沿该断裂东侧应城杨岭镇附近发生4.9级地震。

在京山天宝寨东北省道旁泥巴冲开拓剖面中,可见断裂致使古近系与震旦系灯影组断层接触,构成低丘陵地貌面上陡坡坎状正断层构造形态。主断层产状70°∠60°,断层角砾岩宽3～4m,呈胶结—半胶结状;见有灰黄色泥质透镜体群宽约20cm,半胶结状。主断层面溶蚀强烈,凹凸不平,没有新的平整光滑的剪裂面发育,没有切割地表无网纹、无明显铁锰淋漓特征的棕红色黏土夹碎石堆积层(Qp_3—Qh)。沿主断层出露点向东约400m石人头西公路北侧宽大开拓剖面内,可见古近系中5条北北西向较大次级张性断层,产状75°∠60°～85°,断面参差凹凸不平,断层内充填有无网纹红土,但有较强铁锰淋漓特征的宽1～2m的紫红色松散黏土夹碎石(Qp_2),变形特征不甚明显。这一张性断层带构成低丘陵与东侧垄岗台地之间反差鲜明的断裂构造地貌陡坎。

皂市断裂在喜马拉雅运动第Ⅱ幕中呈振荡性正断倾滑—逆断—正断倾滑特征,早中更新世中期表现为正倾滑运动,形成二级红土台地。断裂西侧低丘陵红土台地高程200～250m,为早更新世剥夷面;东侧红土台地高程100～150m,广泛堆积中更新世冲洪积层。

综合分析表明,皂市断裂为早中更新世断裂。

十六、襄樊-广济断裂带(F_{43})

襄樊-广济断裂带是横贯湖北省境内的一条重要的深大断裂带,是扬子地台与秦岭-大别褶皱带的构造界线,控制着断裂沿线的沉积作用、岩浆活动及构造作用的发展与演化,以及深部构造特征。该断裂带卫星影像清晰,地球物理场(重力航磁、人工地震)反映明显,沿线分布有基性岩体和发育多种构造岩(碎裂岩、糜棱岩、角砾岩等),显示断裂带切割深和长期活动的特点,是南、北两个大地构造单元和新构造运动(含地震)分区的界线。断裂带西起襄阳庙滩西,经襄阳南、随州三里岗、孝感、武汉、黄冈,止于广济镇(现武穴市),总体走向310°～320°,倾向北、南西、北东,长度约450km。

根据几何特征,襄樊-广济断裂带在研究区可大致分为3段:襄阳—孝感段(西段)、武汉段(中段)和黄冈段(东段):断裂带西段通过大洪山北侧一系列红色盆地(枣阳耿集和随州新阳店、伏岭、三里岗),前古生界老地层向南逆冲于白垩纪红层之上;中段由京山三阳向南东伸延至黄冈,断裂带隐伏在第四系之下;东段黄冈—武穴一带基岩出露区断裂及糜棱岩发育,断面倾向南西。在武汉附近,襄樊-广济断裂带延经孝感、黄冈一线,通过横店南、天兴洲东北端和阳逻附近。断裂沿线挤压破裂带和次级褶曲、断层发育,如岱山、青山、阳逻龙口及鄂州白浒镇等地,并分布有新生代玄武岩、第四纪注(槽)地和湖泊群(野猪湖、白水湖、后湖等),表明断裂带在经历了中生代强烈挤压、剪错等变动后,至新生代时期具有北升南降的张(张剪)性活动特点。新近纪以来襄樊-广济断裂带控制其沿线和两侧的构造地貌的发育,切割上新统、下更新统,导致上新统、下更新统褶曲变形,并且在断裂带中形成不同活动期次的新构造岩。

1. 西段

襄樊-广济断裂带西段在襄阳市西泥咀白土坡切割上新世泥灰岩,并使云梦期剥夷面(Qp_1)发生数十米正断差异位错。在宜城田集东采取主断层紫红色片理化断层泥做ESR法年代测定,结果为(142.2±14.1)万 a。

在襄阳西卧龙白土坡采料厂,可见纵切断裂的东、西壁两个人工剖面。本观察点为断裂的东壁面(图 2-2-66、图 2-2-67),断裂带发育在上新世(N_2)泥灰岩中,该壁面北缘即为地貌陡坎。如图 2-2-66 所示的 F' 盘水渠旁出露宽 6～8cm 断层密集破裂带,发育高角度、走向东西、但微倾向北的断层组。断层带中发育碎粉岩、微角砾岩和碎裂岩。在该断面上见有厚铁锰层,构造岩多已胶结,断面呈锯齿状,多遭受侵蚀而形成直沟。断面出露处也见有与断面同产状的钙质胶结状劈理群,隐现片理结构。

图 2-2-66 襄樊-广济断裂带襄阳卧龙白土坡东壁开挖断面(镜向:E)

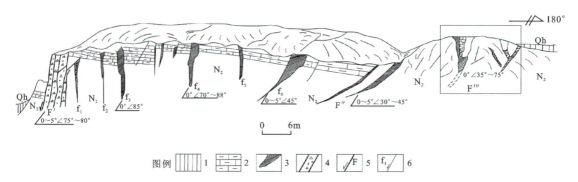

1.第四纪残坡积层;2.上新世泥灰岩;3.次级破裂充填物;4.断层角砾岩;5.主断层;6.断层中的次级破裂

图 2-2-67 襄樊-广济断裂带襄阳卧龙白土坡采料厂东壁断层地质剖面图

自 F' 断层向南可见发育多条次级断层,断面被深褐色黏土充填(Qp_1),无明显变形,呈硬塑状。F'' 断层可见铲状结构,上端为侵蚀槽地。F''' 断层上端可见深 5m 的侵蚀深沟,下部充填深褐色黏土,断层上部仍残留有钙质胶结的碎粉岩、角砾岩,断面曲折,表现剪张性充填特征。

2. 中段

襄樊-广济断裂中段,亦称武汉段。断裂南东端起自青山北湖北侧,西达孝感何庙集北侧,长约 67km,构成桐柏断块隆起的部分南缘边界,控制了北侧北北西向孝昌花园断陷盆地(K_2—E)和北北东向麻城-新洲断陷盆地(K_2—E)南界,同时控制了江汉断陷和下扬子台褶带北缘结合部位武汉凸起(K_2—E)的北界。前者东湖群(K_2—E)普遍厚达 2000～3000m;后者武汉凸起东湖群厚度普遍小于1000m。

武汉段北侧呈现盆岗相间排布的第四纪微地貌特征，自东而西为举水-倒水下游段张渡湖沉溺河湖洼地、阳逻-靠山店垄岗区(高程90～30m)、滠水下游段河湖沉溺盆地和横店-孝感垄岗区(高程60～35m)。南侧自西而东为东西湖-汉口沉降区和武昌低丘陵垄岗上升区。阳逻—靠山店垄岗区西缘受北北西向青山口-黄陂断裂带控制，南缘受武汉段控制，岗地上第四纪堆积厚10～30m，发育Ⅳ级阶地，顶面反向向北倾斜，厚度由长江北侧的60～90m至靠山店北降至30～40m，形成桐柏南缘丘陵前的低凹地带。该垄岗南半部以下、中更新统为主，北半部以中、上更新统为主，仓埠河在岗地中部向西折转，向西注入武湖。横店—孝感垄岗区自北而南缓缓倾斜，高程由50～60m向南渐变至30～40m，发育Ⅲ级阶地，并在断裂沿线串珠状湖泊地带显著倾斜，伸入湖水之中，如后湖、童家湖(白水湖)、野猪湖和王母湖。在盘龙城白水湖以西，断裂南侧为广阔的全新统河湖低平原，发育埋藏阶地，孝感一带第四系厚达160m。近东西向后湖为断层河谷，其西端为中更新统低分水岭(高程25～28m)，继而往西尚保留有宽阔的古河谷。在后湖北岸上更新统Ⅱ级阶地前缘普遍沉入水中，但后湖南岸呈鲜明的陡坡湖岸。尤其值得关注的是，后湖北侧9km以远横店高程上升至51.9m，而南岸1km以远的叶家店高程即达50～64.6m(图2-2-68)，故距湖岸对称部位的高程相差20～35m。据区域地质测绘和野外地质调查，后湖南岸一侧为近东西向盘龙城条状微断块。该断块向西翘起，最大高程64.6m。其南缘边界为北西西向露甲山断裂，控制东西湖—汉口沉降区北界。后湖南、北两侧岗地上部均出露中更新统。北侧为棕红色网纹红土，厚约5m，无底砾。并且后湖南侧岗地上均可见及中更新统冲洪积相棕红色网纹黏土、砾石层和其下的深红色网纹化巨砾黏土层(Qp_{1-2})，厚度小于10m。它们主要上覆于东湖群(K_2—E)之上(图2-2-69)。

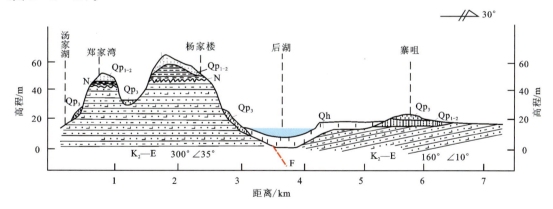

K_2—E. 东湖群紫红色钙质砂岩、砂质泥岩；N. 棕红色、灰白色、灰绿色、杂色薄层泥岩不整合于东湖群之上，强风化网纹化，铁锰淋漓极强烈；Qp_{1-2}. 下、中更新统，下部冲洪积棕红色网纹黏土砂砾层，底部有铁锰盘，砾径一般10～30cm，大者达1～2m，风化壳厚1～10mm，上部棕红色网纹黏土，下、中更新统厚度普遍3～5m；Qp_2. 后湖北侧为棕红色网纹红土，无砾石层，厚2～3m；Qp_3. 棕黄色、棕褐色黏土；Qh. 浅棕褐色黏土、亚黏土、灰色淤泥；F. 襄樊-广济断裂带后湖隐伏段

图2-2-68　黄陂盘龙城后湖南、北两侧构造地貌地质剖面图

图 2-2-69　盘龙城后湖南岸杨家楼子高阶地地貌形态(镜向:SW)

武汉段南侧东西湖-汉口沉降区具有振荡性沉降特征,第四系厚 45～90m,局部百余米。其沉降具有自西向东发展的新构造运动进程,但至中更新世末期以来东部才完全形成,即汉水三角洲最终形成时段是晚第四纪(Qp_3—Qh)。东西湖-汉口沉降区东缘边界即北东向长江中流主河道,亦即北东向金口-谌家矶断裂展布地段,其江东为武昌低丘陵、垄岗上升区,该区低丘陵高程 80～150m,见有Ⅲ级长江阶地,中更新统红土Ⅲ级阶地平台高程 30～40m,但上更新统Ⅱ级阶地高程(22～27m),与高漫滩(高程 19～23m)高差较小。区内浅洼地滞水湖泊较多,如东湖、沙湖、严东湖等。

据上述,襄樊-广济断裂武汉段南、北两侧中更新世地貌面是不连续的,尤其是后湖南、北两侧更新世地貌面更为典型,显示了断裂在中更新世晚期曾有明显活动,并影响甚至控制了两侧的地貌发育。

1) 黄陂盘龙城后湖南岸地质调查

据调查,在后湖南岸盘龙大桥南侧向东至晏家冲一带,多处可见工程揭露的北西向断裂带,走向 280°～300°,倾向北东或南西,倾角 40°～85°,切割红层(K_2—E)。晏家冲出露的断裂带宽达 200 余米。断裂带内灰白色、姜黄色片理状断层泥宽 10～30cm 不等,半胶结,多条灰白色断层泥及夹于其间胶结状断层角砾岩和透镜体群往往宽达 50～100cm(图 2-2-70),显示了自晚新生代以来至少有 2 次断裂活动。调查中尚多处发现下更新统姜黄色粉质黏土楔状堆积于红层(K_2—E)开口破裂中,甚至部分卷入断裂带内(图 2-2-71)。此外,见有少数断层已切割至中更新统网纹红土下部的黏土砾石层中(图 2-2-72)。据此可以判定,后湖南岸展现的襄樊-广济断裂带武汉段部分断层系统新近纪至中更新世早期有多期活动。

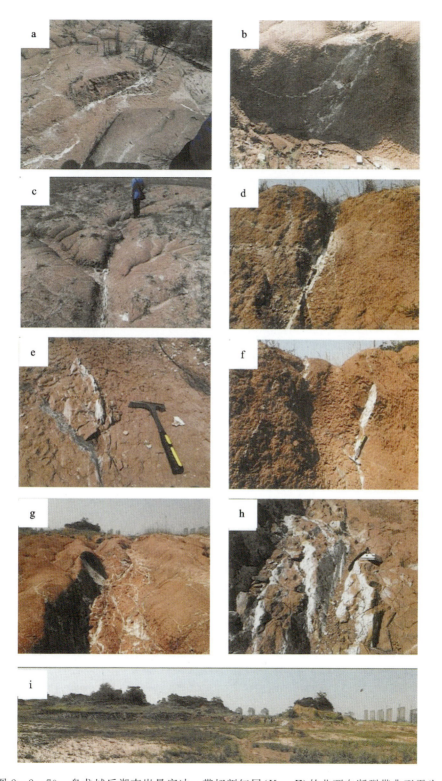

图2-2-70 盘龙城后湖南岸晏家冲一带切割红层(K_2—E)的北西向断裂带典型露头

图 2-2-71 盘龙城后湖南岸晏家冲一带红层(K_2-E)内姜黄色
粉质黏土楔状堆积与卷入断裂典型露头

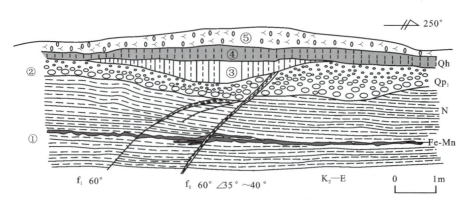

①灰绿色、灰白色夹紫红色斑块状泥岩,强风化、网纹粗大(新近系);②灰绿色、灰黄色、紫红色泥质粗砾层,下部砾石砾径 20~50cm,上部砾石砾径 1~2cm,粗网纹(下更新统);③网纹红土(中更新统);④灰黑色植被层(全新统);⑤回填土。

图 2-2-72 盘龙城后湖南西缘盘龙中学附近地质剖面图

2) 长江天兴洲物探

武汉地震工程研究院在天兴洲上布设了一条北东向的测线(L3),长约1000m,分别采用高密度电法与浅层地震反射波法进行探测。从图2-2-73可以看出,距起点约355m处存在断错现象。高密度电法视电阻率探测结果显示在同样的部分可以看到视电阻率低异常。场地周邻钻探岩样TL法年代测试结果显示,场地内岩土层自上而下主要为第四系全新统冲积成因(Qh)粉质黏土(0~6.7m)、粉细砂(6.7~22m)、中—上更新统(Qp_{2-3})粉细砂(23~36.5m)、砾石(36.5~38.5m),覆盖层厚约40m,下伏基岩为上白垩统—古近系(K_2—E)中风化粉砂质泥岩。故此处地球物理异常可能为断层破碎带导致,宽度约为4m,视倾向南西,视倾角约75°,断层性质为逆断,推测断裂可能切割中—上更新统(图2-2-74),显示了断裂最新活动时代为中更新世晚期。

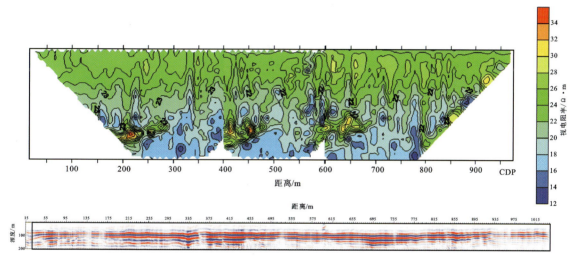

图2-2-73 天兴洲高密度电法视电阻率剖面图及浅层地震反射波法彩色填充图(L3)

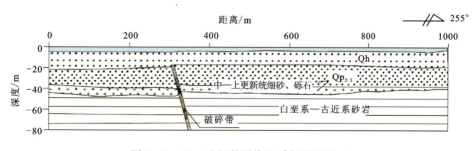

图2-2-74 天兴洲测线地质解释图(L3)

3) 襄樊-广济断裂带武汉段次级断裂

东西湖区柏泉团鱼山北坡东端采石场,露头保存完好,为襄樊-广济断裂带南侧构造成分。该点南距茅庙2km,北距府河亦约2km。团鱼山最大高程87.6m,向南缓倾,向北翘起。北坡出露泥盆系厚层石英砂岩和中厚层灰黄色、灰绿色、灰紫色泥岩;南坡呈薄层状互层序列,褶皱强烈,小褶曲系统向北倒转。团鱼山周围地带高程30～50m岗地上广布中更新统冲洪积相棕红色网纹红土,面积约12km²,构成Ⅲ级阶地。上更新统Ⅱ级阶地高程20～26m,缓缓延入周围的河湖边缘。团鱼山北麓呈断层陡坎,发育近东西向槽沟(高程15～25m),分割南、北两块中更新统岗地区,导致北侧岗地相对下降(最大高程36～38m),南侧中更新统冲洪积网纹红土高程普遍为40～50m,分异明显。

(1)④-1 团鱼山北坡断裂

团鱼山北坡断裂系统的主要剩余形变特征为张性正倾滑断层几何结构。图2-2-75中的断裂均显示这一特征,并且棕红色网纹红土充填其中。f_a 发生"S"形弯曲,间接反映了 F_m 主断层的正倾滑作用。f_c 和 f_d 之间 A、B、C 充填楔群,似乎表明二次快速断层正倾滑动形成的断裂堆积几何结构。上述这些断面上均发育铁锰淋漓层,完整而粗糙,并且贴近断面的黏土仅有厚2～3cm的灰白色片理层。它反映了该断层系统在早更新世末期活动状态。然而,由于正倾滑断层活动具有向上盘方向迁移的特征,因此团鱼山北侧近东西向沟槽可推判为中更新世末期以来的主要活动断层。断裂南、北两侧中更新统岗地高程差异约10m,也佐证了该断裂系统活动状态。该剖面中棕红色断层泥样品SEM法鉴定结果表明,断裂在上新世—早更新世曾有明显活动。

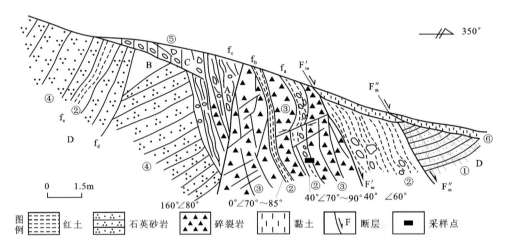

①泥盆系(D)薄层状石英砂岩碎裂岩,剪张性节理十分发育;②棕红色网纹红土(夹含砂岩碎块)充填于断层裂缝中;③基质为石英砂岩的断层角砾岩经砂卡岩化固结后重新呈块状破裂;④泥盆系(D)中厚层紫灰色石英砂岩;⑤中更新统棕红色黏土、碎石坡积层;⑥上更新统棕黄色黏土碎石坡积层;A、B、C.棕红色网纹红土(夹含碎石)构造充填楔;F'_m、F''_m.主断层断面;f_a、f_b、f_c、f_d 和 f_e.张性断层结构面。

图2-2-75 东西湖区柏泉(茅庙)北团鱼山北坡采石场地质剖面图

在团鱼山西,景德寺西采石坑内可见由4～5条相距5～7m的小断层组成的断裂带,切割泥盆系。断裂总体走向300°～310°,倾向南西或北东,倾角60°～80°,构造岩由断层泥、角砾岩、挤压片理化带、透镜体及碎裂岩等组成。其中角砾岩砾径在0.2～1cm之间,最大为2～3cm。近地表已胶结的角砾岩,已风化为高岭土,多为白色,次为黄色或淡绿色(图2-2-76、图2-2-77)。白色断层泥状物质手搓可塑形,挤压片理带内可见红色黏土,有再变形迹象。

图2-2-76 景德寺西采石坑内北西向断裂露头(镜向:200°~320°)

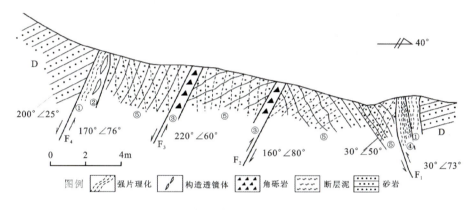

图2-2-77 景德寺西采石坑内北西向断裂地质剖面图

(2)④-2露甲山断裂

该断裂原始出露点是机场高速公路施工时的土石料场。露甲山高程60m,与东侧汤家海对岸的残山(58.8m)和西侧新家湖对岸的丰荷山(98.2m)构成走向北西(300°)的线性残山分布,长约3km。露甲山南坡采掘场地暴露宽大的构造岩带(图2-2-78),可见宽度大于30m,断裂产状310°/SW∠70°~85°。由南向北依次为固结状断层角砾岩、灰白色碎粉岩和碎裂岩,其中灰白色碎粉岩如松散面粉状。露甲山基岩为二叠系硅质岩、碳质页岩等,强烈破碎,层间滑动鲜明,沿破裂溶蚀面充填堆积非常普遍,为棕红色、棕褐色和深褐色黏土(夹含碎石)。采集断层角砾岩中新破裂面内断层泥状物质进行SEM年代测定,结果表明断层在上新世—早更新世曾有明显活动。

调查表明,以北西向露甲山断裂为代表的一组断裂,构成了襄樊-广济断裂带武汉段后湖南侧盘龙城条状断块的南缘边界,亦即东西湖-汉口第四纪沉降区的北界。盘龙城条状断块走向北西,自南东向西北翘升,中、下更新统冲洪积黏土砾石层最大高程64.6m,而东西湖-汉口沉降区第四系厚45~80m,基岩顶板高程-50~-20m。因此盘龙城条状断块与东西湖-汉口沉降区之间的第四纪差异运动幅度达百米左右,其边界断裂可判定为早第四纪(Qp_{1-2})断裂。

图 2-2-78 露甲山断裂盘龙城露头

(3) ④-3 阳逻王墓山小雷家湾断裂

在阳逻倒水河东侧王墓山小雷家湾北公路西侧开拓剖面中(图 2-2-79、图 2-2-80),可见东湖群杂色黏土岩(K_2—E)与下、中更新统网纹红土、砾石层呈断层接触。F_1^1 产状 10°∠40°~45°,呈正倾滑断层特征。断层两盘基岩顶面或其上覆不整合下更新统斑块状砂岩砾石标志层高差约 10m。断层面呈微波状,灰绿色断层泥状物质松软可塑,厚 5~10cm,构成一系列微扁平透镜体,面平整但无新鲜擦痕。上盘贴近断面含砾网纹红土中可见宽 50~60cm 的牵引状剪裂带,砾石定向排列,形成一组灰绿色薄片状断层泥状物质,呈帚状构造。这一剪裂带向下切割黏土砾石层,沿剪裂面仍可见砾石定向排列,剪裂面上尚残留有片状灰绿色断层泥和不新鲜的擦面、擦痕。在近地表,该剪裂带宽 20~30cm,切割上部砾石层,由 3~4 条灰白色断层泥状物质标示,贴近主断面处宽 1~3cm,并收敛至地表。断层邻近地区可见 2 条正倾滑次级小断层,发育灰绿色断层泥状物质,宽 5~10cm,并且沿线伴有早第四纪断坎堆积和充填有棕红色黏土的剪张裂缝带等。

图 2-2-79 阳逻王墓山小雷家湾中更新世断层露头照片(镜向:W)

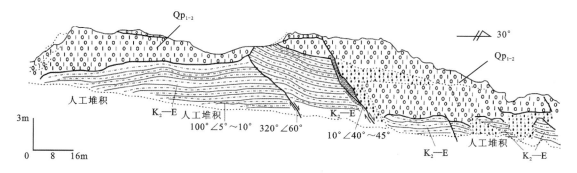

Qp_{1-2}. 下、中更新统网纹红土、砾石层；K_2—E. 灰白色、姜黄色、浅红色粉质黏土岩。

图 2-2-80 阳逻王墓山小雷家湾中更新世断层剖面

此外，近断面处杂色黏土岩（K_2—E）亦有受轻微牵引弯曲的形变特征。王墓山岗地最大高程50m，岗地面积约2km²，顶面平坦，为长江与倒水交汇处中更新世Ⅲ级阶地，阶地顶面没有断坎结构。据《武汉市第四纪地质与地貌研究报告》，此处第四系应为下、中更新统。

根据襄樊-广济断裂带中段构造地貌特征和上述断裂剖面综合分析，认为该段断裂为中更新世断裂。

3. 东段

襄樊-广济断裂东段西北起自段店镇，经黄冈北、燕矶镇到源口镇东南，构成桐柏断块隆起的部分西南缘边界，由3~4条平行的分支断层组成宽达2~5km的构造变形带，切割大别断隆前震旦纪变质岩和下古生界。

在浠水马垅北西向条状断块山岭与三家店岗地之间有一宽数百米、长约8km、高程仅20~30m的北西向断层槽谷（图2-2-81）。马垅条状断块山岭长约14km，岩性为大别岩群花岗片麻岩和白垩纪花岗岩，其中白羊山主峰高程187.6m；而槽谷南西侧三家店—红莲一带红土岗地高程50~60m，上覆有中更新统Ⅲ级阶地堆积，其下伏基岩为上白垩统—古近系和玄武岩层与岩体（β_6）。地质地貌综合分析表明：该断层槽谷很可能为中更新世古长江河床，受断层运动影响，三家店—红莲所在地段于中更新世末上升形成红土岗地，槽谷内亦形成马垅低分水岭，导致长江河道迅速向南西迁移。故此，黄石市现今长江弧形弯曲河道定形于晚更新世，全新世基本维持现状，而马垅断层槽谷古河床则恰好位于"弦"状部位。

北西向马垅断层槽谷南西侧即为晚白垩世—古近纪时，沿断裂带拉张形成的红莲盆地，盆地内东湖群（K_2—E）堆积厚度约2000m，并于晚期在王家店至庙上一线出现裂隙式火山活动。出露于庙上的紫灰色橄榄玄武岩，在地貌上呈山前垄岗，高程约35m。新开挖的断面揭示，原生节理发育，其中J_1产状为320°/NE∠60°，J_2产状为50°~60°/NW∠70°，局部地段J_1发育成密集的剪切裂隙带或小断层（F_1），并错断J_2，表明F_1具逆断运动学特征。

据谢广林（1990）的研究（图2-2-82），主断层构造岩及破裂几何面具有以下典型特征：其一，主断层内一系列破裂面均具高倾角，并愈接近北东盘主断面，倾角愈大，以至于反向倾向北东，构成向上收敛的破裂面组合；其二，晚期高倾角构造岩剪切片理带切割早期片理带，

图 2-2-81　马垅断层槽谷地貌照片(镜向:W)

并在近破裂处形成北东盘上冲的牵引结构形态;其三,所有早期构造岩均在最新一次构造活动中被改造,并且在早期构造岩近地表处出现深约 2m 的由构造破裂面控制的红土充填楔(含构造岩碎块)。

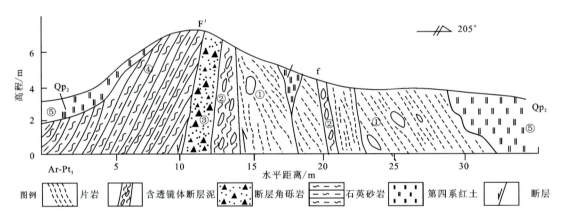

①大别岩群(Ar-Pt₁)石英长石片岩和早期糜棱岩形成的紫红色碎裂岩,片理化构造岩,含构造形变透镜体;②灰白色、灰黄色片理化构造岩,含紫红色糜棱岩碎块和微透镜体;③松散的红色断层泥角砾岩带;④大别岩群变质岩;⑤中更新统红土充填楔

图 2-2-82　襄樊-广济断裂带浠水马龙铺地质剖面图(据谢广林,1990)

浠水马龙铺地质剖面为黄冈盆地北缘主断层露头,晚白垩世—古近纪时期,构成盆地北缘正倾滑构造边界,但古近纪末至新近纪以来,主断层受挤压并导致盆地消亡,形成剥蚀岗地。断层北盘在挤压上冲过程中导致一系列主断层破裂几何面倾角增大,形成向上收敛的一系列破裂面组合形态。根据气候地层学观点和该断裂活动史推断:紫红色片理化构造岩碎裂岩①等很可能主要形成于晚白垩世—古近纪,经受同期风化淋漓,紫红色泥质浸染,并随后片理化是其典型岩相特征;灰白色、灰黄色构造岩②应形成于新近纪至早更新世;而红色断层泥角砾岩带③很可能形成于中更新世,与中更新世地层色相一致。因此,综合判定断裂在早、中更新世曾有活动。

襄樊-广济断裂带在蕲春茅山港至蕲州为长江河谷隐伏断层段,断裂沿长江河谷展布,走向330°,长约22km,河谷宽2~3km,呈线性发育,两岸多为基岩陡坡和陡崖。黄石棋盘洲大桥工程钻孔揭示第四系厚约50m,河床基岩为东湖群(K_2—E)泥质粉砂岩红层或前白垩纪地层。

在蕲州镇西江边龙凤寺山岭南坡水泥厂东大门外东道旁,可见下寒武统(ϵ_1)与东湖群(K_2—E_1)呈逆层断接触(图2-2-83、图2-2-84),断层产状310°/NE∠65°~85°;其构造岩带宽约4m,发育原岩为红层砂岩的逆剪微透镜体群、左旋逆冲牵引状棕红色薄片状构造岩、松软的棕红色断层泥状物质,原岩为寒武系灰岩的被灰黑色片理化断层泥包裹的逆剪微透镜体群以及松软的灰黑色片状断层泥,但是片理化断层泥未见有新鲜擦面、擦痕,并且断层未切割上覆微拗沟全新世松散坡积层。

据此可以判定,该断裂在早第四纪曾有明显逆断活动。

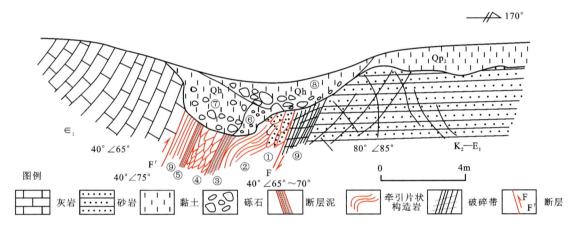

①原岩为红层(K_2—E)的逆剪微透镜体群;②牵引弯曲变形的棕红色薄片状构造岩;③棕红色松软断层泥状物质,宽50cm,近破裂面处发育灰白色条纹;④原岩为寒武系灰岩的逆剪微透镜体群,并见有灰黑色片理化断层泥;⑤松软的灰黑色片理化断层泥,宽30cm;⑥棕红色黏土(含碎砾)坎状充填堆积;⑦灰褐色碎石黏土充填坡积层;⑧棕褐色碎石黏土坡积层;⑨剪切破裂带;Qp_2.棕红色黏土;K_2—E_1.东湖群;ϵ_1.下寒武统灰岩。

图2-2-83 蕲州镇龙凤寺山岭南坡水泥厂东大门外蕲州断裂地质剖面图

图2-2-84 蕲州镇龙凤寺山南坡水泥厂东大门外蕲州断层露头照片(镜向:E)

在蕲州镇龙凤寺山岭东端某工地大型边坡开拓处,揭示了东湖群($K_2—E_1$)与下寒武统($\in_1$)逆冲断层接触的宽大构造岩形变带,宽约40m(图2-2-85、图2-2-86)。

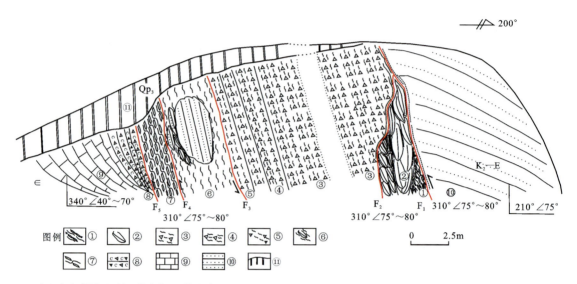

F_1为上盘主断层面,断面微波状、左旋逆冲,破裂面附有暗褐色、灰褐片理化断层泥,有不太新鲜的擦面、擦痕,不够光滑;贴近主断层F_1的构造岩带:①玄武岩、砂岩透镜体群,并被灰褐色片理化断层泥包裹,岩性松散,但无新鲜擦面,带宽50~100cm;②石英砂岩砾块透镜体带,其总体周缘均被片理化棕红色黏土岩包裹,带宽2~2.5m;F_2断层面呈坎状波动状,两侧片理化断层泥亦同步波状弯曲,具左旋逆冲特征;③灰黑色断层泥碎粉岩夹角砾块,偏松散—半胶结;④灰绿色断层泥、碎粉岩夹角砾块,偏松散—半胶结;⑤紫灰色断层片理化带,裹有石英砂砾岩碎块,半胶结;F_3断层面为紫灰色剪裂面,残留有擦痕、平整、不光滑,附有密集的紫灰色片理化断层泥;⑥完整块状石英砂岩透镜体群,大者宽达3m,周缘被杂色片状断层泥包裹,半胶结状;F_4断层面为灰黄色剪裂面,性状同F_3;⑦灰黄色片理、片块状断层泥剪裂带,半胶结;F_5断层面性状同F_4;⑧下寒武统黑色碳质层和碳质页岩破碎带;⑨寒武系灰黑色灰岩;⑩东湖群砖红色泥质砂岩($K_2—E$);⑪上更新统橘黄色黏土。

图2-2-85 蕲州镇龙凤寺山岭东端开拓处蕲州断裂地层剖面图

综上所述,由于该断裂发育的宽大构造岩带呈松散—半胶结杂色片理化断层泥、碎粉岩和剪压透镜体群,并且未切割地表上更新统橘黄色黏土层,综合判定断裂为早第四纪断裂。

在武穴西北竹影山象山水库(图2-2-87)和凤凰山猪头角采取次级断层内断层物质进行ESR法年代测定,结果分别为(49.3±5.3)万a和(46.2±6.6)万a(中国地震局地质研究所,2006),这表明断裂于中更新世中期曾有活动,未切割上覆紫红色黏土层[TL法测年值为(36.3±3.1)万a]。

历史地震和现代地震台网观测表明,沿断裂带,黄冈、蕲州间曾发生1629年4¾级地震,黄冈1633年4¾级地震和1640年5级地震,1972年武穴4.0级地震,2005年九江-瑞昌5.7级、4.8级地震,以及2006年随州4.2级地震。尽管地震强度、频度不高,但仍显示了襄樊-广济断裂带深部有明显活动。故此,综合判定该断裂带为早中更新世断裂。

图 2-2-86　蕲州镇龙凤寺山岭东端大型边坡开拓处蕲州断裂露头照片(镜向:SEE)

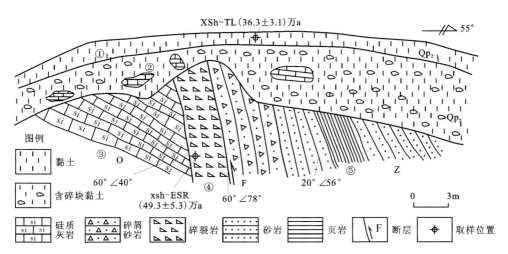

①暗紫红色黏土;②紫红色风化壳,残积黏土层夹灰岩碎块;③奥陶纪硅质灰岩;④断层碎裂岩,宽约 3m;⑤震旦系石英岩状砂岩、页岩、砂岩等。

图 2-2-87　象山水库襄樊-广济断裂带地质剖面图(据中国地震局地质研究所等,2006)

十七、青山口-黄陂断裂(F_{44})

青山口-黄陂断裂走向北北西,经新城、英店、青山口、黄陂,至武湖东南,与襄樊-广济断裂带斜接会合,在湖北省内长约 250km。它是由数条断层组成的断裂带,在应山县城东宽达

8~9km,而向北西或向南东收敛至宽2~3km。断裂北段桐柏群与随县群呈逆断层接触；断裂中段应山李店可见桐柏群与上白垩统呈逆冲断层接触。沿断裂带见有构造角砾岩、碎裂岩、糜棱岩和棕红色片理状断层泥等,最宽处构造破碎带可达数千米。断层泥SEM测年资料表明,断裂在早更新世曾作黏滑运动；花园、李集、黄陂和武湖有橄榄玄武岩(β_5)侵入上白垩统胡岗组红层中。

在地貌上,断裂北段和中段东侧为丘陵、低山,地形切割显著,地块隆升明显；西侧为孝昌花园断陷岗地,相对高差小于50m,河谷宽坦,河曲发育,地面轻微抬升。在花园东,断层三角面沿断裂陡坎处成排分布。在孝昌南,断裂东侧为丘陵、高岗地,地面自北东向南西掀斜；西侧为由中、上更新统组成的低岗地与河湖平原区,地面呈现自北向南的掀斜,地貌反差明显。跨断层水系具有左旋偏转和水系汇聚的特征。断裂在第四纪具有一定的左旋差异活动的特征。

在应山李店北公路东侧河边陡坎处可见上白垩统(K_2)与桐柏群(Ar)呈逆冲断层接触(图2-2-88),后者逆于前者之上。断层走向300°,断面倾向北东,倾角上部直立甚至翻转,下部倾角弧形偏转为60°。上盘由桐柏群白云石英片岩夹大理岩破碎形成的灰白色断层角砾岩,可见宽度约5m。它经胶结后重新破碎,沿断面上盘边缘构成一系列冲断透镜体排列形式,因较松散而难有植被生长。下盘上白垩统砂质泥岩夹钙质砂岩破碎强烈,发育后展式扇形断片和走向剪破裂群。红层中的破劈理极为发育,致使其极易受流水剥蚀而使植被难以生长。红层中这一破碎带宽达30m以上。此外,在李店这一断裂部位广水河主干流左旋偏转约1.4km。此点红色片状断层泥经SEM鉴定,结果表明断裂在中更新世有明显黏滑活动。

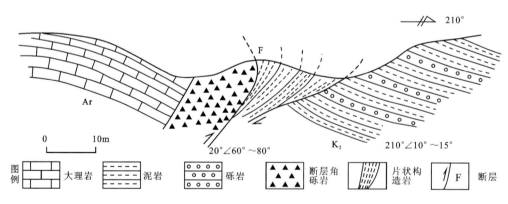

图2-2-88 青山口-黄陂断裂应山李店北地质剖面图(据甘家思,1992)

在广水市十里街道办事处北侧的小路旁,见发育于片麻岩中的断层(图2-2-89、图2-2-90)。该断层由多条次级小断层组成,宽8m左右,断层主体产状为60°∠65°；在断层面附近见有宽约20cm的断层破碎带,破碎带内发生片理化,局部夹有构造透镜体。根据运动学指示标志,判定该断层为逆断层。在该剖面南东10m处见有白垩系紫红色砂砾岩。

图 2-2-89　青山口-黄陂断裂广水市十里街道办事处露头照片(镜向:NW)

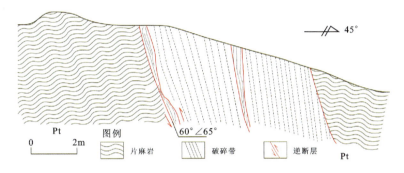

图 2-2-90　青山口-黄陂断裂广水市十里街道办事处断裂地质剖面图

在沙河店北刘家湾,澴家河-殷店断层同样是由数条同向次级小断层组成的断层带,其主断面南、北盘分别是元古宙白云母石英片岩和混合片麻岩,其间较宽的构造岩带包含有断层角砾岩、碎裂岩及糜棱岩等,沿带晚期伟晶岩脉、石英脉、花岗岩脉甚为发育。地貌上常成陡坎、三角面山,山前有一系列白垩系红层洼地分布,卫星影像上反映明显,为张性正断性质。此外,野外据白庙、二郎庙、刘家湾等处所见,沿桐柏山南缘山前断裂存在,并且红层堆积后还有活动。在刘家湾凉水岩水库西,白垩系紫红色砂砾岩(K_2)与石英片岩(Pt)呈断层接触,磨光面上有断裂擦裂、擦沟及阶步,显示断裂左旋张剪性运动。红层中砾石被错断,断层面产状215°∠87°。由此点往北有一系列同向断层面出现(图2-2-91)。由此可见,该断层在红层堆积后至新构造运动早期有过活动,但断层沿线没有发现断层错断第四纪地层的任何迹象。

在广水市大山口采石场(N31°36′914″,E113°56′900″)见到的泉口-东草店断层发育于红安岩群大山口岩组硅质条带白云岩中,为由3条同向次级小断层组成的断层带。主断面产状240°∠70°,断面波状弯曲,压性特征明显,断面上有水平擦痕、阶步,显示断层曾有过左行活动。断层破碎带宽1.5~2.0m,由断层角砾岩、碎裂岩及糜棱岩组成,胶结松散。南西盘、北东盘硅质条带白云岩产状分别为220°∠65°和210°∠30°(图2-2-92、图2-2-93)。但断层地貌不明显,亦没有发现断层沿线上覆第四纪残坡积物有任何扰动或变形迹象。

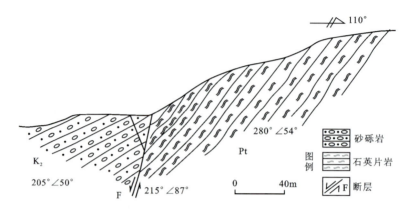

图 2-2-91　瀤家河-殷店断层沙河店北刘家湾地质剖面图(据甘家思,1992)

图 2-2-92　泉口-东草店断层大山口剖面照片(镜向:320°)

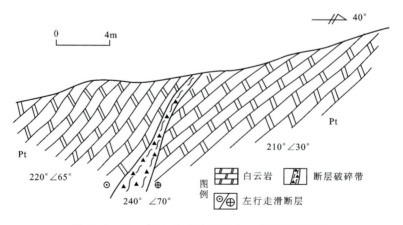

图 2-2-93　泉口-东草店断层大山口地质剖面图

在大悟张家榨屋一带见到的小河-周港断层发育于红安岩群七角山岩组片麻岩和白垩纪砾岩之间,片麻岩地层产状为270°∠45°,砾岩产状为270°∠10°,两者呈断层接触。断层产状310°∠80°,断层破碎带宽15m左右,主要由片麻岩挤压碎片组成,胶结良好,一系列平行断面的滑动面发育其中,滑动面平整光滑(图2-2-94、图2-2-95)。断层地貌不明显,两侧地形地貌反差不大,亦没有发现断层沿线上覆第四纪残坡积物有任何扰动或变形迹象。

图2-2-94 小河-周港断层张家榨屋剖面照片(镜向:310°)

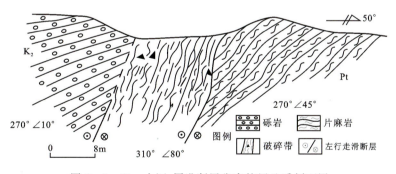

图2-2-95 小河-周港断层张家榨屋地质剖面图

在花园东青山口—小河一线,亦可见桐柏群逆冲于上白垩统之上。小观山公路旁露头,断层破碎带宽10余米,紫红色含砾黏土岩与白云岩碎裂构造岩混杂,破裂显著,风化淋漓后的铁锰质薄膜形成剪压透镜体的擦光面,显示了第四纪活动特征。此外,在黄陂北李家集、长新集、静安至涂家集一线,出露有走向北西的串珠状玄武岩体(β_6)。这些岩体中优势性发育北北西向剪破裂。它暗示断裂南东段倾向南西,主断层隐伏于玄武岩展布地带,并且在这一部位滠水主干流呈现较大幅度的左旋偏转,约3km。

在新洲阳逻,断裂沿长江主泓发育,形成北北西走向红层(K_2—E)的早第四纪断崖,长约3km。断崖下长江河床堆积(Qp_3—Qh)之下发育北北西向断裂带,高角度倾向南西,松散构造破裂带宽约20m,隐伏断坎高约8m。其北侧下更新统最大高程91m;南侧青山下更新统高程仅30m,其上覆有中更新统网纹红土,高程35~40m。这鲜明地显示了断裂的早第四纪活动。

应予以强调的是,沿断裂展布地带,自1988年12月4日发生广水刘店M_s3.0级地震以来,沿带先后发生1990年孝感小河M_s2.5级地震,1991年随州尚市M_s2.8级地震,1996年广水徐店M_s2.4级地震,1997年孝感花园M_s2.8级地震和1998年M_s2.8级地震以及2000年广水浆溪M_s3.6级地震等十余次有感震,显示了小震相对活跃的特征。

综上所述,青山口-黄陂断裂属早中更新世断裂。

十八、长江埠断裂(F_{65})

长江埠断裂位于应城南—长江埠一线,走向北西,由3条北盘下落的断裂组成宽4~5km的断裂带,长约30km。该断裂是天门-龙赛湖低凸起的北侧边界,云应凹陷南侧边界。它造成云应凹陷内部南、北显著差异:上白垩统—古近系沉积在北部厚达3000~5000m,而南部天门-龙塞湖低凸起仅厚2000~3000m,反映长江埠断裂在晚白垩世—古近纪时强烈活动,控制了云应凹陷内部同期地层南薄北厚的差异沉积。

武汉地震工程研究院(2020)在应城市长江埠西东汉湖东、西两侧上更新统岗地布设两条南北向电法勘察剖面(图2-2-96、图2-2-97)。勘测结果表明,东汉湖西侧测线13剖面2400m点位附近呈现低阻层位区,向北高阻层下落,低阻带向下楔入;东侧测线12剖面与其相似,低阻异常层位出现在1760m点位附近。依据相关钻孔地层分析,推测长江埠断裂早第四纪曾有断拗活动,导致中、下更新统高阻层位下落,并伴生断裂破碎低阻楔形带。

综上所述,长江埠断裂为早更新世断裂。

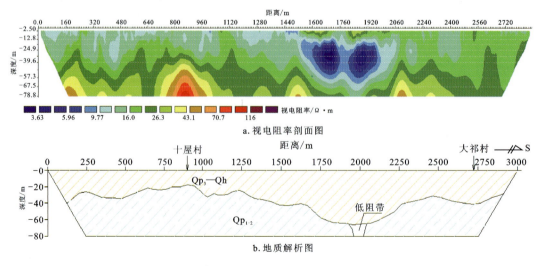

图2-2-96 东汉湖东侧十屋村测线12高密度电法视电阻率剖面图及地质解析图

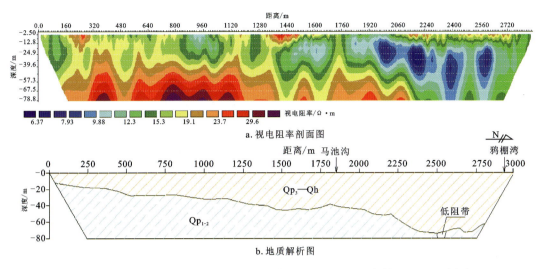

图 2-2-97　东汉湖西侧马池沟村测线 13 高密度电法视电阻率剖面图及地质解析图

第三节　近东西向断裂

一、上寺断裂（F_3）

该断裂在区内西起青曲西,经安阳、秦山庙、习家店、蒿坪、上寺,继续向东延伸,与两郧断裂相交,长 45km 左右。该断裂走向东西,呈波状延伸,倾向南,倾角 45°～60°,构成晚白垩世与新近纪上寺盆地北界。

1. 蛇沟口剖面

在蛇沟口剖面上,见上白垩统逆冲在奥陶系之上（图 2-3-1）,断面切割浅表上白垩统风化层,结构面清晰。断面上陡下缓,呈犁式,断面产状为 210°∠80°。南盘白垩系砾岩层理发育,产状较为平缓;北盘奥陶系薄层灰岩产状较陡,产状为 5°∠70°。

2. 安阳湖村 S337 旁剖面

在郧县安阳镇湖村 S337 旁,断层发育在震旦系与白垩系、新近系之间。断层上盘岩性为新近系杂色粗砾岩,下伏白垩系紫红色砂岩,岩层产状为 240°∠25°;断层下盘为震旦系绢云母千枚岩,面理产状 235°∠30°～40°。断面产状上陡下缓,为 170°∠65°（图 2-3-2、图 2-3-3）。

断层影响带宽达 30m 左右。带中岩石较为破碎,红层中靠近断层一侧岩层发生变形。从其变形特征来看,显示了逆断性质。主断面中未见新鲜断层泥,但发育有断层角砾,胶结较好,受风化作用影响已松散。断层上覆第四系残坡积层未见扰动迹象。

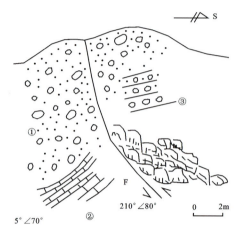 

①白垩系风化层;②奥陶系薄层灰岩;③白垩系。
图 2-3-1 上寺断裂蛇沟口地质剖面图

图 2-3-2 上寺断裂湖村剖面露头(镜向:W)

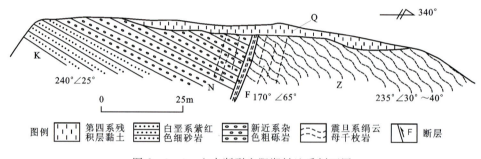

图例 第四系残积层黏土 　白垩系紫红色细砂岩 　新近系杂色粗砾岩 　震旦系绢云母千枚岩 F 断层

图 2-3-3 上寺断裂安阳湖村地质剖面图

该断裂在地貌上也有所反映,从观察点向东、西两侧延伸,地貌上形成侵蚀槽地,估计落差约50m。该断裂形成于新近纪,但自第四纪晚期以来活动迹象不明显。

综合地质地貌特征和前人研究成果,判定上寺断裂为早更新世断裂。

二、青峰断裂(F_9)

该断裂西起中坝,经门古寺、房县南,止于青峰,延伸长约90km。总体上呈近东西向或北东东向,构成秦岭褶皱带与扬子准地台的界线。该断裂形成于元古宙,经历了长期的发展演化过程。新构造期以来,该断裂的活动方式、活动强度在各地有较大差异。房县盆地以西,表现为左行逆走滑或继承性挤压变形。强烈抬升的构造地貌和北西-南东向依次排布的高程1000~3000m的夷平面、深切河谷和陡峻的断崖,以及波状起伏的主断带几何形迹等,都可作为佐证。最东段的大洪山地区,显示在晚白垩世至古近纪时,断裂可能具有走滑性质,但带有倾滑分量。房县盆地段以较典型的左行走滑拉分为特征。

据甘家思等(2003)的研究,在塘上大王沟沟口,渐新统与寒武系呈断层接触,其断层陡坎前缘的杂色似层状堆积被改造成扭动强烈的一系列透镜体(图2-3-4),表现出左行左阶的逆掩特征。

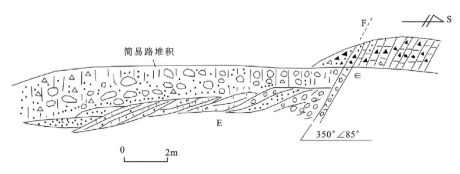

图 2-3-4 房县盆地东南缘塘上大王沟沟口青峰断裂与上盘古近系
杂色透镜体分布(据甘家思等,2003)

此外,在盆地南缘的三海堰、大梨花沟口、大王沟等处,可见宽数十米的断层破碎带,寒武系白云质灰岩褪色明显,形成沿带分布的浅灰白色碎粉岩,地貌特征鲜明。其中,单条断层中常可见宽几十厘米的紫红色片理化断层泥,断层产状为 345°∠60°(图 2-3-5)。在三海堰西侧公路旁,可见上新统亚砂土透镜体和亚黏土夹层向青峰断裂主断面明显倾斜,局部破裂扰动强烈。

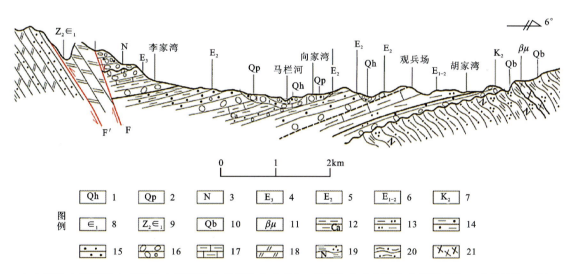

1.全新统;2.更新统;3.新近系;4.渐新统;5.始新统;6.古新统—始新统;7.上白垩统;8.下寒武统;9.上震旦统—下寒武统;10.青白口系;11.南华纪变基性侵入岩;12.含钙质结核泥岩;13.泥质粉砂岩;14.泥质粉细砂岩;15.砂岩;16.砾岩;17.泥质灰岩;18.白云岩;19.绢云钠长石英片岩;20.变粒岩;21.变(辉长)辉绿岩。

图 2-3-5 房县盆地新生代堆积与青峰断裂关系剖面
(据湖北省地质调查院和武汉地震工程研究院,2008)

下面就青峰断裂两个断裂段,即马栏河断裂和温泉寺-榔口断裂进行简单描述。

马栏河断裂:在房县盆地东侧,青峰断裂中的北西向断裂切割青峰主断裂,这一断裂为马栏河断裂。该断裂为房县盆地的东界断裂,地表可见长度约 15km。走向 310°,倾向北东,倾角65°。断裂地貌特征明显,在地貌上形成约100m以上的反差,沙沟河沿其发育,并在东岸古近系砂砾岩地区形成陡崖,延伸约7km。断裂以西为开阔的河漫滩和河流阶地。近代微震也沿该断裂时有发生。

温泉寺-榔口断裂:马栏河以东的部分称为温泉寺-榔口断裂。该断裂东段被区外的珠藏洞断裂切割并发生右移,与西端呈右行斜列式。青峰镇以西主断裂北盘向南逆冲,使上盘武当岩群姚坪岩组逆冲于下盘志留系之上,断面倾向北,倾角55°左右。青峰镇以东,整个断裂带宽约4km,主断裂北盘为武当岩群,南盘为侏罗系。由于马栏河在该段沿断裂发育,断面被河流堆积物所覆盖,断面不清。整个断裂带内近东西向次级断裂密度较大,绝大多数断裂倾向北,倾角在50°以上,破碎带内挤压片理、透镜体发育。地貌上断裂特征明显,断裂两盘地形具有较大反差,反映了断裂对地貌的控制作用。

新构造期,整个青峰断裂以左行挤压、逆滑位移为主,导致房县盆地中的新近系变形隆起,并抬升到800m以上高程。沿断裂带出现水系牵引、温泉溢露和强烈地貌反差等现象。断层泥TL法年代测定结果为(5~7)万a(武汉地震工程研究院,2007),表明该断裂最晚活动时期在晚更新世。

综上所述,青峰断裂是区域性发震构造,延伸长,切割深度大。1742年在房县发生过5级地震。青峰断裂房县段为晚更新世活动断裂,房县盆地西段、东段为早中更新世断裂。

三、九道-阳日断裂(F_{10})

九道-阳日断裂东起保康县马桥,经阳日湾西至房县九道梁,横贯神农架北部地区,呈近东西向延展,长近百千米。断裂在大岩屋南向西分两支,平行展布。断裂的东、西两端分别被新华大断裂、板桥大断裂所切。断面倾向北、倾角为45°~70°,局部20°左右。断裂上盘神农架群石槽河组—野马河组与震旦系逆冲在下古生界不同层位之上,断距达3000m,向西渐浅,断裂挤压破碎带明显,形成的糜棱岩带和强烈揉皱带可达数十米宽,为压性断裂。该断裂将南、北分割成两个显著不同的形变区域,北部为紧密线状褶皱并向南倒转,冲断层发育;南部地层产状平缓,多以正常褶皱为特征。

在太山观东南(N31°46′29.3″,E110°28′26.4″)处断裂表现为志留系和寒武系呈断层接触,断裂倾向北,倾角45°。南盘志留系页岩倾向30°,倾角40°;北盘寒武系白云岩倾向300°,倾角15°。破碎带宽约5m,由一系列平行断面的劈理、揉皱及透镜体组成(图2-3-6),破碎带胶结坚硬。断裂发育在山坡中间,两侧地形地貌反差不大,仅表现为一条较浅沟槽。附近溪沟横穿断裂时没发现明显的变形。

在阳日东的两河口(N 31°16′19.0″,E 110°46′09.3″)处断裂表现为志留系与神农架群乱石沟组呈断层接触。断裂不但平面上呈波状延伸,剖面上亦表现为波状弯曲。断面总体倾向北,但上部倾向却表现为倾向185°,倾角60°。断裂南盘志留系页岩、砂质页岩倾向175°,倾角40°;北盘神农架群乱石沟组硅质条带白云岩、板岩倾向30°,倾角15°,亦发育宽2m左右的破碎带。破碎带由一系列平行断面的劈理、揉皱及透镜体组成(图2-3-7、图2-3-8),破碎带内绝大部分胶结坚硬,只有南盘靠近断面一带砂质页岩部分呈粉砂状,遇水浸泡后呈松软

第二章 湖北省主要断裂活动特征

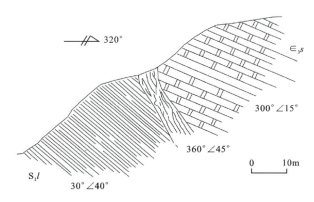

$S_1l.$ 下志留统龙马溪组页岩；$\epsilon_3s.$ 上寒武统三游洞组白云岩。

图 2-3-6 九道-阳日断裂太山观东南地质剖面图

状。断裂两侧地形地貌反差约10m，分析原因主要是志留系页岩岩性比神农架群硅质条带白云岩相对较软，风化、剥蚀相对强烈，故断裂南盘地势相对较低。玉泉河虽然平行断裂走向发育，但远离断裂1000m之远，故断裂活动控制现代水系的作用有限。

图 2-3-7 九道-阳日断裂两河口地貌照片

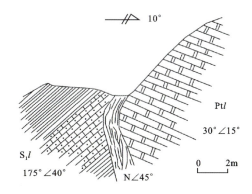

$S_1l.$ 下志留统龙马溪组页岩；$Ptl.$ 元古宇神农架群乱石沟组白云岩、板岩。

图 2-3-8 九道-阳日断裂两河口地质剖面图

在八挂庙北（N31°46′51.3″，E110°32′46.9″）见到断裂表现为寒武系和神农架群呈断层接触，一条平行断层走向的溪沟沿断裂发育。断层南盘上寒武统三游洞组白云岩倾向355°倾角53°～70°；北盘神农架群乱石沟组硅质白云岩、板岩倾向350°，倾角55°，两侧地层产状变化不大。断层破碎带宽约20m，由于破碎带被溪沟冲积物覆盖，断面不清，但从断裂两侧岩层揉皱变形带中一些小挤压活动面判断，主断裂亦属压性断裂性质，断面倾向北，倾角45°左右（图2-3-9）。野外考察没有发现溪沟内第四系冲积物有任何变形。

综合上述各地剖面断裂结构面特征，结合断裂带两侧地形地貌综合分析判定，九道-阳日断裂是一条形成时代较早、具有多期活动的古老断裂，控制了其两侧地质、构造的发展和

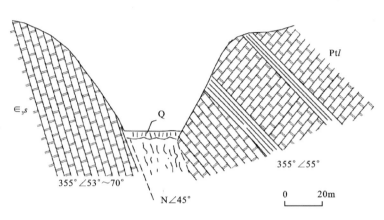

Q.第四系；$\epsilon_3 s$.上寒武统三游洞组白云岩；Ptl.神农架群乱石沟组白云岩、板岩。

图2-3-9 九道-阳日断裂八卦庙北地质剖面图

演化,燕山运动期间活动仍比较强烈。断裂东端马桥古近纪—新近纪小型断陷盆地的形成即是该断裂活动的佐证。但自第四纪以来,断裂活动已不明显,随着区域大范围整体隆起抬升。综合判定九道-阳日断裂属于早中更新世断裂。

四、马鹿池断裂(F_{15})

马鹿池断裂位于巴东城关南三叠系嘉陵江组灰岩中,长约20km,由一系列走向近东西的次级小断裂组成。断裂总体走向270°,倾向北,倾角75°～85°。马鹿池断裂至少经历过两期性质不同的活动。早期在近南北向挤压应力作用下,断裂带发生强烈的挤压逆冲,带内发育大量构造岩和断层泥,致密胶结,构造岩成分为灰岩。在断裂带的南部主断面上,早期断裂下盘主断面附近可见大量早期逆冲挤压张裂隙及贯入其中的晚期角砾岩,根据南盘发育的一组共轭剪节理(100°∠50°,325°∠70°)及其追踪的张节理分析,早期主压应力方向近南北。晚期马鹿池断裂显示出走滑正断性质,规模较早期更大,这一点与三峡地区的北西向、北东向、北北东向断裂早期活动强烈程度与晚期相比正好相反,同时也反映出本区最大主应力方向的改变。晚期马鹿池断裂由两组近东西向但倾向正好相反的逆冲小断裂组成典型的"花状"构造。倾向北的小断裂主要发育在早期的断裂带内,其构造角砾岩包裹早期构造岩,未胶结;倾向南的小断裂位于马鹿池断裂的北部。断裂的南部同时还发育几条陡倾(20°∠70°)的走滑断裂,其构造片理方向为45°∠70°,面上擦痕指示马鹿池断裂晚期活动为左行走滑。

另外,在马鹿池断裂南部蛤蟆口南千山地区,存在与其斜交的早期共轭断裂,我们也将其归入马鹿池断裂。经研究后发现,该断裂也存在类似分期和分带现象,但后期小断裂逆冲方向为北东。从现代水系错断方式以及马鹿池断裂内构造片理特征判断,马鹿池断裂最后一次活动性质为左行走滑。

在断裂中段采集的断层泥镜下观测显示,石英颗粒多为磨圆球砾,表面发育有裂纹而不破、搓粒缓慢剪切、"T"字形擦痕等蠕滑活动标志,存在贝壳状、钟乳状、苔藓状结构。橘皮状结构约占20%,钟乳状、苔藓状结构约占80%,少数石英颗粒表面发育"V"形坑、撞击破裂锥、线状擦痕等黏滑活动标志。断层泥的特征反映出中段运动方式以蠕滑为主,兼具黏滑。

地貌上,马鹿池断裂两侧地形相差不大,但山间垭口、断层三角崖、沟谷等发育,现代河流水系受其影响,多向西侧改道。

综合判定马鹿池断裂为早中更新世断裂。

五、磨坪断裂(F_{16})

该断裂位于秭归磨坪至巴东野三关一线,自西向东由长冲沟断层、大磨坪断层、石河坪断层、白家坪断层和木龙断层等组成,自南而北切割古生界至中生界。总体走向北北东(30°左右),倾向北西(310°),倾角60°左右,长约70km。这些断层的规模,一般只有十几千米长,东西宽约15km,空间上呈右行侧列或大致平行排布,将该地区岩层切割得支离破碎。单条断裂带宽小于10m,两侧地层产状变化不大。但过长江后,断裂规模逐渐加大,每条断裂旁侧均发育有数条平行挤压破碎带或节理密集带,使断裂带结构复杂化。断裂在磨坪一带的挤压破碎带宽达200m,带内劈理、透镜体等片状构造以及糜棱岩、角砾岩、断层泥等普遍发育。挤压透镜体呈叠瓦状排列,并被后期的张性角砾岩所改造,局部地段的断层角砾岩被北北东走向(20°)小型压剪滑动面切割,显示经过多期活动。

在故县坪一带,断裂主要由一组压性劈理及挤压揉皱带组成,数条大致平行的挤压破碎带在地貌上呈阶梯状排布(图2-3-10)。木龙断层在王泉河大桥一带表现为数条倾向310°、倾角60°左右的一组小断层密集带,形成宽约20m的挤压破碎带。带内三叠系大冶组灰岩强烈挤压,形成的挤压透镜体夹在断层砾岩中,并被多组方解石脉穿插。

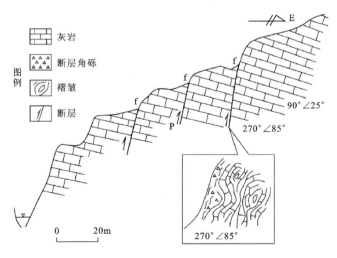

图2-3-10 磨坪断裂故县坪地质剖面图(据李安然,1996)

该组断裂形成于燕山运动期间,早期以压性或压扭性为主要活动方式,形成断裂带内许多挤压结构;中期为张性,形成一系列的断层角砾岩带;晚期转化为张扭性,使断裂破碎带进一步扩展,并出现许多与断裂带平行的以剪切裂隙为主的特征,同时角砾岩带被切割。新构造运动以来,随着整个构造域大面积整体隆起抬升,断裂仍以张性活动为主。在地貌上,断裂通过处常形成山间垭口、沟谷和陡崖地形,部分水库受控于断裂带,个别地段形成切割很深的沟谷。如磨坪岩口河一带,沿北东方向发育的沟谷切割很深,谷底相对深度达百米以上。在谷坡一侧可见一系列北东东向裂隙排布。在磨坪附近,断裂带切割了近东西向的大岩口断裂,在交会地带形成平坦的宽阔谷地,并在谷地内保留有十余米高的断层残丘。另在故县石河坪断裂带上,北北东向挤压破碎带呈阶梯状依次排布,显示北西盘下降,地表断面裂开,并充填片状黏土质碎屑。断裂带内的构造岩普遍胶结不好,个别地段松散,甚至有的地段断层泥未胶结。

沿断裂展布地带多次发生有感震,最大震级为 M_L 2.9 级,其中值得指出的是该断裂北延地段,1979 年 5 月秭归龙会观发生 M 5.1 级地震,2001 年 10 月秭归梅家河发生 M_L 3.6 级地震。综合判定磨坪断裂为早中更新世断裂。

六、澧县-石首断裂(F_{31})

澧县-石首断裂总体呈近东西向延伸,总长 140km,延伸约 52km。它是扬子变形带与雪峰-幕阜推覆带之间的主滑面,也是江汉断陷与华容断隆的分界线,并被北西向黄山头-南县断裂错截,分成东、西两段。

该断裂切割元古宇以上至中生界盖层,断距大于 500m,在黄山头、石首、监利等地分支断层构造岩宽度大于 50m。断裂在晚白垩世至古近纪显倾滑性质,北盘强烈下降,堆积了数千米厚的盆地堆积。新近纪以来继承性活动,在石首、监利等地残留有后退的断层三角面、断层陡崖,第四系厚度差值在 150m 以上。

在石首东布设了 3 条浅层地震测线 st-1、st-2 和 st-3,其中 st-1 测线发现有断点异常(图 2-3-11)。st-1 测线近南北向,横波反射法的反射相位缺乏连续性,未见有效的基岩波组。纵波反射法的结果显示,100ms 以下见及清晰的基岩反射相位 Tg。上覆土层为第四系黏土、粉细砂和砾石,基岩为燕山运动早期的二长花岗岩。在 576 CDP 附近出现基岩反射相位减弱及扭折异常,呈北低南高特征,落差可达 4ms,推测为 F_{23} 引起,具北倾正断性质,断距约 3m,其上断点深度约为 95m。其断错层位除基岩外,第四系内的界面未见错断迹象。因 st-2 测线和 st-3 测线未见断点迹象,且向东的钻探和多条物探线均无反映,故该断裂可能终止于小河镇一带。

该断裂西端于 1717 年曾发生过 5½ 级地震,现代小震和有感震也相对集中,东端地震活动不明显。综合判定澧县-石首断裂东段为前第四纪断裂。

七、信阳-金寨断裂(F_{46})

信阳-金寨断裂东起五显镇,经毛毡厂、龙门冲、响洪甸、金寨南,向西至商城,过麻城-团

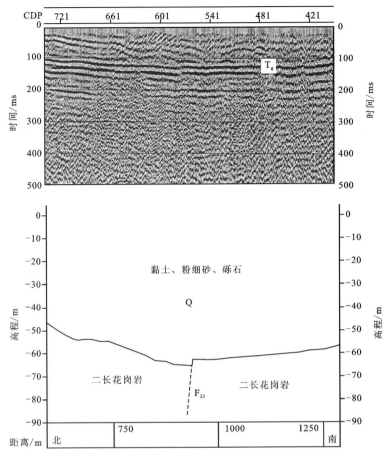

图 2-3-11　st-1 测线 F_9 断点纵波地震时间剖面及推断地质剖面图
（据中国地震局地质研究所，2006）

风断裂后，由白雀、晏河、彭新店西出湖北省。总体呈近东西向转南东东向延展，在湖北省内长约 250km。主断裂带由一系列左行斜列的破裂带组成。商城以东可以分成 3 个较显著的自然构造段，分段长度分别为 60km、45km 和 40km，各构造段之间的分割构造为北北东向左行破裂带和燕山期火成岩体等。它们共同形成东宽西窄的强动力变质带，单带最宽达 4km。该带总体上是秦岭地槽系最东段后造山阶段晚侏罗世金寨、霍山和晓天 3 个火山喷溢盆地的北界，断裂进一步发展又切穿了这类火山岩和更晚期的正长岩。在航磁场上主带表现为短波长跳跃变化的负异常背景上，出现一系列梯度大的正异常峰值，表明断裂切割深度较大，应属壳断裂。该断裂在晚白垩世—古近纪有一次强构造变形，使梅山群或佛子岭群仰冲于上白垩统之上，碎裂岩、糜棱岩带最宽达 200m。在复南山剖面中新鲜的断层泥厚 40cm。构造岩带内的剪破裂（倾向南西，倾角 60°～80°）表明断层具有左行逆冲性质。杨泗岭取断层泥测年，结果为 (48.8±2.9) 万 a。在地貌上南盘普遍为高程 350～400m 的丘陵，而北盘为相对平坦的冲积平原，反差 100～150m。1652 年霍山东北 6 级地震，以及仪器定位的 2.0～4.5 级小震,集中分布在沿断裂的金寨和霍山两段。据此认为,该断裂是区域内较活跃的构造带。

综合判定信阳-金寨断裂为早中更新世断裂。

八、天门河断裂(F_{47})

天门河断裂呈近东西向延伸约40km,主断裂倾向南,近断裂处前白垩纪基岩埋深幅度最大达6700m,其中白垩系—古近系沉积厚度最大达6200m,新近系和第四系约500m;远离断裂上述地层序列和厚度逐渐变薄,构成北断陷、南翘起的箕状半地堑。断裂是发育在钟祥-土地堂古生界和下中生界复向斜褶皱变形带上的一条斜向剪切带,晚白垩世开始与江汉盆地共时演化,转换成伸展构造,断裂活动最大的时段应在晚白垩世—古近纪。新构造期以来南盘以继承性倾滑活动为主,断裂两侧新近系和第四系有较明显的厚度差,北侧新近系和中、上更新统已出露地表;南侧埋藏于地表60～70m以下。沿带发育形成一系列湖泊、废弃牛轭湖和天门河的衰减支流等微地貌现象。1605年天门东的5级地震推测与该断裂的隐伏活动有联系。

在汉川中洲布设的两条穿过天门河断裂的高密度电法勘察剖面均揭露出深部的低阻异常,反映深部断层破碎带存在。剖面显示,断层带顶部埋深分别为59m和64～69m,均未突破中—晚更新世地层的界线。

综合判定天门河断裂为早更新世断裂。

九、乌龙泉断裂(F_{49})

乌龙泉断裂位于武汉市南西部,走向北西西,倾向南西,倾角40°～60°,全长约50km,生成于印支期,于燕山期复活,是武汉台褶束和蒲圻-梁子湖凹陷的边界断层构造,切割近东西向鸽子山复背斜南北翼的一组逆冲断裂带,燕山运动后转换成倾滑性质,兼有左旋位移分量。喜马拉雅期继承性活动,切割白垩系—古近系及其下伏前白垩纪地层。断裂北侧为丘岗、丘陵上升区,南侧为河湖沉溺景观,具有差异构造地貌特征。就局部段而言,西段北侧汉阳、汉川丘陵、丘岗上升区中更新统河湖相地层顶面高程40～50m,而汉南河湖区全新统河湖沉积广为分布,顶面高程18～23m,保持着早期农耕湖垸的原始地面高程。东段北侧呈现以低丘陵为主的山地,而南侧鲁湖与梁子湖之间尚有由土地堂下、中更新统构成的分水岭。下更新统砾石层在断裂南侧广为分布,顶面最大高程达60m。鲁湖-梁子湖之间早更新世可能曾有古河道相通。近东西向乌龙泉断裂与北东东向嘉鱼断裂左旋运动,导致其收敛部位鲁湖-梁子湖之间横向隆起形成分水岭,并且中更新世有继续隆升的迹象。该断裂隐伏于前第四纪地层之下,其新构造活动与沙湖-湘阴断裂带北段正断伸展运动密切相关,具有横向转换剪切的运动特征,并且现代微震活动时有发生。

在乌龙泉镇丁字山剖面中(图2-3-12、图2-3-13),出露于主断裂北盘的分支断层有两条,其中f_1呈笔直的断面,产状190°∠70°,切割中二叠统茅口组(P_2m),断面上有少量胶结的断层泥和碎裂角砾,粗糙不平。上盘被中更新世残积网纹红土覆盖。f_2发育在茅口组与中二叠统栖霞组(P_2q)之间,产状140°/NE∠50°～60°,属冲断性质。断面呈"S"形弯曲,构造岩带上窄下宽,由细碎粒岩、片理化岩组成。两盘具相关的伴生褶皱。断层 F 产状 180°∠60°,属正断性质,其上部未切割上更新统。

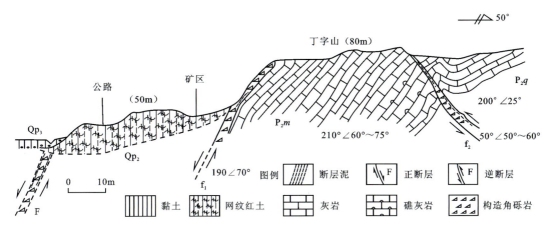

图 2-3-12 乌龙泉丁字山南侧乌龙泉断裂示意剖面图(据刘锁旺,2006 修订)

图 2-3-13 乌龙泉丁字山南侧乌龙泉断裂早期断面 f_1 露头照片(镜向:W)

仪器记录的小震(M 2～3.9 级)多集中分布在该断裂与嘉鱼断裂的断间地带。综合判定乌龙泉断裂为早中更新世断裂。

十、嘉鱼断裂(F_{51})

依据 20 世纪 70 年代湖北省地质图、《1∶20 万蒲圻幅区域地质报告》和江汉油田人工地震勘探资料,该断裂为业已证实的隐伏断层,从洪湖老湾西南横切长江,沿近东西—北东东向延展,经嘉鱼县城东北马鞍山北缘向东湮灭于斧头湖,长约 60km。该断裂成生于印支期—燕山期,沿断裂有喜马拉雅期隐伏玄武岩分布,上白垩统—古近系厚度在断裂南、北两侧差异明显,为 300~500m。断裂南侧发育Ⅳ级阶地和Ⅱ级剥夷面,第四系厚度普遍小于 50m,且新近系一般缺失;北侧仅有河湖漫滩Ⅰ级阶地,早中更新世地层埋藏较深。1974 年在嘉鱼西凉湖畔发生 M_L 4.4 级和 M_L 4.3 级震群及 1992 年嘉鱼新街 M_L 3.1 级地震,表明该断裂深部现代活动仍明显。综合判定其为早中更新世断裂。

在物探方面,航空磁测有 100nT 以上的异常,在江南幕阜山地区平缓正磁场(50nT)背景上,嘉鱼-阳新正异常带(50~200nT)磁异常等值线长轴走向东西,与断裂走向一致。地质地貌上,断裂南侧嘉鱼县城东北马鞍山呈近东西向线状展布,且多见高程在 30~55m 之间的岗地,以嘉鱼东新街以东 4km、南侧 2km 岗地(图 2-3-14)为例,岗地下伏基岩为二叠系薄层状泥岩、砂岩和厚层状硅质岩,风化淋漓极强,风化层厚 20~30m,其上部应为东湖群(K_2—E)土红色黏土、砾石层,之上为残积和洪积相网纹红土(Qp_1)夹少量砾石。此外,在马鞍山西端采石场残留土柱中发现少量长江冲积圆砾,有灰绿色石英、灰黑色砂岩质砾石,砾径在 0.5~2cm 之间,大量为残积和近距离搬运的次棱角状砾石,被网纹红土包裹,高程 55~60m,为冲洪积—坡积Ⅳ级阶地(Qp_1)。北侧仅有河湖漫滩Ⅰ级阶地,地表无中更新统出露,据钻孔资料其埋藏深度约 50m。由此可见,嘉鱼断裂在中更新世的活动导致了南盘上升、北盘下降。

(1)嘉鱼县城东北马鞍山采石场(图 2-3-15):该点处出露侏罗系(J_1w)上部杂色中—薄层泥岩夹中层石英砂岩、粉砂岩,局部夹煤线,下部为灰色厚层砂砾岩。断层主断面较平直,走向 110°,倾向南,倾角 80°~85°,断面北侧下部可见宽约 1m 的煤线,煤线片块化。断面两侧岩层产状变化明显,南侧产状为 170°∠30°,北侧则为 210°∠72°。该断面向西沿马鞍山走向延伸,在马鞍山西段几个采石场均可见。剖面上地层层间活动破裂明显(图 2-3-16),f_1、f_2、f_3 中均产有片理状未胶结的断层泥,厚 5~15cm 不等,泥岩普遍发育片理状纹理、片块化,越靠近江边一侧,岩石越破碎。该剖面反映断裂具左旋斜冲性质,活动时间在新近纪—第四纪早期。

图 2-3-14 嘉鱼东新街以东 4km 处向南侧 2km 岗地剖面露头照片

图 2-3-15 嘉鱼县城东北马鞍山中部采石场断层露头照片(镜向:260°)

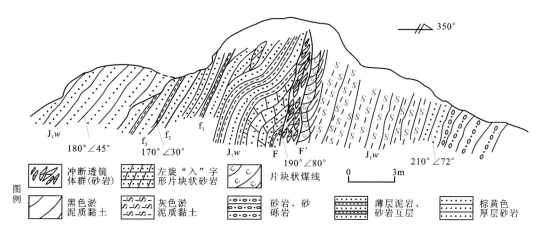

图 2-3-16　嘉鱼县城东北马鞍山中部采石场侏罗系(J_1w)中嘉鱼断裂地质剖面图

(2)嘉鱼县城东北马鞍山最东端熊家山(图 2-3-17):该点处出露侏罗系灰黄色厚层石英砂岩与青灰色、暗紫色薄层泥岩互层,下部为灰黄色厚层砂砾岩,岩层产状为 135°∠74°。可见宽约 5m 的剪切破碎带(图 2-3-18),破碎带中发育若干条剪破裂面,均为顺层滑动,破裂面粗糙,无光滑镜面,有半胶结状断层泥,厚 1~3cm,可见夹有泥岩质透镜体,上覆坡积网纹红土(Qp_2)。该剖面显示断裂在新近纪到早中更新世期间曾有活动。

图 2-3-17　嘉鱼县城东北马鞍山东端熊家山采石场断层照片(镜向:230°)

为了揭示嘉鱼断裂隐伏东延状态,在新街镇以东 6km 新畈(旧称新街)布设了两条北北西-南南东向浅层人工地震反射测线(测线 1 和测线 2)。测线 1 长 1934m,测线 2 长 2556m,道间距 2m。人工地震勘测表明,嘉鱼断裂存在基岩断坎,并可能影响第四系下部砂砾层,或许暗示了早第四纪断裂曾有活动。

综合地质地貌特征和前人研究成果,判定嘉鱼断裂为早中更新世断裂。

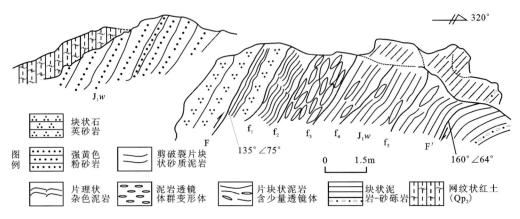

图 2-3-18 嘉鱼县城东北马鞍山东端熊家山采石场侏罗系(J_1w)中嘉鱼断裂地质剖面图

十一、阳新断裂(F_{55})

阳新断裂为扬子陆块北缘印支期台缘褶断带组成部分,分布在阳新盆地北缘,盆内的上白垩统—古近系陆相碎屑岩夹火山碎屑岩呈向斜构造。由于早喜马拉雅期的挤压、抬升,红层遭受侵蚀,裸露地表。断裂总体呈近东西向,倾向南,倾角较大。新近纪以来盆地具有较弱的南北向伸展性断陷活动,盆地北缘发育断层三角面、断崖和断坎。南、北两侧相对抬升,盆内相对下降。沿盆地中部近东西向东流的富水河谷,发育Ⅰ级堆积阶地,相对高度仅3~4m,同时有众多的沉溺湖泊,如网湖。在富水河谷南、北两侧,尚发育Ⅱ、Ⅲ级河湖阶地,尤以高程40m的中更新世Ⅲ级红土阶地宽阔。1897年5级地震及一些小震都发生在阳新盆地内。在阳新盆地北缘浮屠镇东采断层物质做ESR法测年,结果为(76.2±8)万a(图2-3-19);在大冶刘仁八镇东卫积堂采断层碎粉岩做ESR法测年,结果为(33.4±3)万a(武汉地震工程研究院,中国地震局地质研究所,2006)。

综合地质地貌特征和前人研究成果,判定阳新断裂为早更新世断裂。

十二、大冶湖断裂(F_{56})

大冶湖断裂走向近东西,为晚中生代—新生代大冶湖盆(K_2—E)的控制性构造。大冶湖中、新生代盆地是在印支期大冶复向斜基础上经燕山期的改造叠加而形成的。东西延伸约45km,南北宽12km。两侧的边界断裂因新生界掩盖而不清,但与之平行的断裂继续出露。由此推断,大冶盆地应属地堑性质。盆地中心后湖一带,出现一系列玄武岩和火山凝灰岩以及晚白垩世—古近纪东湖群(K_2—E)河湖相碎屑岩,湖盆周缘分布着第四纪残积、冲洪积、湖积、黏土层,其中中更新统网纹红土(冲、洪积)最厚超过25m。

此地见有大冶组灰白色泥质页岩(T_1d),与浅棕红色黏土层(Qp_2^3)呈断层接触(图2-3-20、图2-3-21),走向90°,倾向南,倾角78°,断层面平直,擦痕垂直,有较平整剪切面,剪切带宽约5cm,片块状,下断面有姜黄色碎粉岩,宽5~10cm,断层向上延至植被层下。浅棕红色黏

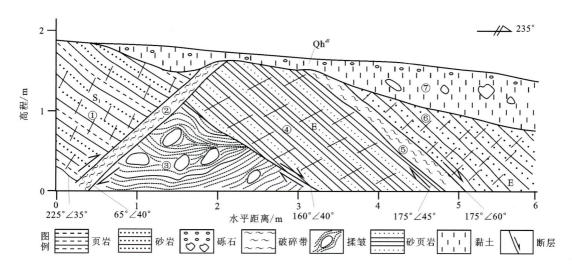

①下志留统砂岩夹页岩,破碎,节理发育;②灰黄色具铁膜破碎带;③灰紫色挤压揉皱带,有挤压透镜体;④古近系紫红色、灰紫色砂页岩,节理、劈理发育;⑤灰色、灰紫色砂岩破碎带,夹于两条走向85°的断裂之间;⑥古近系灰黄色砂岩,节理发育;⑦棕黄色亚黏土,顶部含细砾,个别砾石较大。

图 2-3-19　阳新浮屠镇东 1.15km 阳新断裂地质剖面图(据中国地震局地质研究所,2006)

土中包裹有大冶组砾块,判定为中更新统上段(Qp_2^3)。近上盘处黏土中普遍见有张裂隙,铁锰淋漓发育,呈黑色条纹,此处中更新统上段为冲洪积和坡积,断层为正断性质。该点为大冶湖断裂东端,最新活动时代为中更新世末期以新。

图 2-3-20　大冶湖断裂石龙头村东断层露头特征(镜向:E)

(据乔岳强和杨钢,2015)

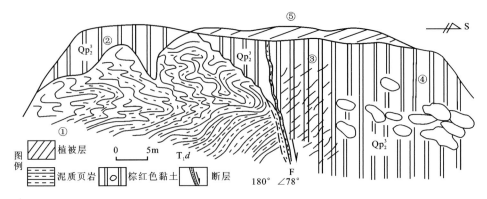

①三叠系大冶组灰白色泥质页岩;②中更新统上段浅棕红色黏土;③岩性同②,发育铁锰淋漓条纹的张裂隙群;
④岩性同②,夹含部分砾块;⑤植被层(Qh)。

图 2-3-21　大冶湖断裂石龙头村东断层地质剖面图

(据乔岳强和杨钢,2015)

尽管大冶湖在全新世表现为沉溺景观,但大冶湖在全新世湖盆范围远小于中更新世湖盆。在大冶湖全新世湖盆南、北两侧,中、晚更新统堆积覆于晚白垩世—古近纪红层之上,构成向湖心缓缓倾斜的波状岗地,没有拗折陡坎。依据湖心地带红层中见有多期喷溢的玄武岩,推断第四纪大冶湖的形成与湖心地带近东西向隐伏断裂的继承性活动有关。

综合地质地貌特征和前人研究成果,判定大冶湖断裂为早中更新世断裂。

十三、城口-房县断裂(F_{64})

该断裂由陕西省城口县向西延入湖北省,总体由北西向转成近东西向,经丰溪、房县、青峰,在石花街与白河-谷城断裂交会后,向东延出湖北省。它是秦岭造山带和扬子陆块的分界断裂,在湖北省内长约340km。主断裂倾向北,倾角40°～75°,由一系列平行断片组成宽3～5km的构造带。北西向或北北西向斜滑断裂将其切割成许多长10～70km的构造段。该断裂可能形成于元古宙,早古生代曾强烈活动。加里东晚期,沿该带地槽堆积物隆起而未造山。印支/燕山运动时期,随着南秦岭的褶皱回返并向南推覆、掩冲,才形成现今的基本构造轮廓。

新构造期以来,该断裂的活动方式和强度各地有明显差异。房县盆地以西,总体表现为左行逆走滑或继承性挤压变形。强烈抬升的构造-地貌和北西-南东向依次排布的高程1000～1300m的夷平面,深切河谷和陡峻的断崖,以及波状起伏的主断裂带几何形迹等,都可作为佐证。

综合地质地貌特征和前人研究成果,判定城口-房县断裂为早中更新世断裂。

十四、竹溪断裂(F_{67})

竹溪断裂出露于竹溪盆地南缘,切割中元古界武当岩群、新元古界耀岭河群、震旦系、下古生界和加里东期中基性岩体。南缘断裂在竹溪盆地段倾向北东,倾角70°,断裂带宽25m。

主要由不同粒级碎裂岩组成的几何学推测,竹溪断裂可能形成于印支运动晚期。第四纪以来它控制了竹溪盆地的发育,南缘断裂北盘直接与第四系接触。

1. 竹溪县西同庆沟断裂剖面

在同庆沟剖面中(图2-3-22、图2-3-23),断裂南(下)盘为晋宁期青灰色粗面斑岩($\chi\tau_3$),斑晶为长石、石英,致密块状构造,偶有小杏仁状气孔。断裂由一系列大致平行的断层组成(f_1、f_2),平面上呈右行斜列排布,宽25m。其中f_1产状为300°/NE∠80°,断面呈长波状,宽度仅数厘米。近断层面处次级破裂(节理)有两组(产状分别为300°/SW∠30°和100°/NE∠80°),构造岩以细碎粉岩为主。f_2产状为315°/SW∠85°,宽20cm,构造岩为片理化岩和暗褐灰色断层泥。f_1与f_2之间宽约10m的构造桥区,全为次级破裂和角砾岩。断裂北(上)盘上更新统冲洪积层(Qp_3),不整合地紧贴在f_1陡峭的断层面上,其上部为浅土黄色砂黏土层,具垂直裂隙;下部为砂砾石层,砾石成分以硅质岩为主,次圆状,分选差,但局部定向排列。砾径悬殊,大者超过2m,一般为3～5cm,泥砂质胶结。总厚度大于40m。基座为粗面斑岩,基座侵蚀面相对平直。

根据上述特征,推测竹溪断裂在印支/燕山期形成时,可能局部呈现指北的冲断性质,之后以北盘下降的倾滑为主,北盘Ⅱ级阶地的粗面岩基座,就是倾滑下落造成的。

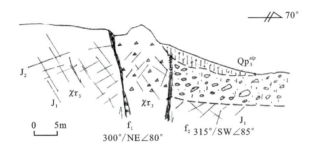

Qp_3^{alp}.上更新统冲洪积层;$\chi\tau_3$.晋宁期粗面斑岩;f_1、f_2.断裂;J_1、J_2.节理。

图2-3-22 竹溪县西同庆沟断裂示意剖面图

图2-3-23 竹溪县西同庆沟断裂露头(左)和竹溪河Ⅱ级阶地砾石层(右)(镜向:W)

2. 小南沟村南采石场剖面

该剖面点为断裂观察点,亦为地层单元分界点。断裂两侧岩性和岩石颜色迥异。断层面产状15°∠61°。断层上盘为上更新统（Qp_3）砾石层（图2-3-24、图2-3-25）。砾石层呈固结状,较坚硬,整体呈暗棕黄色。砾石分选中等,磨圆差,呈棱角状,大小5mm～5cm。下盘为早古生代凝灰熔岩,呈灰色、深灰色、厚层状。

图2-3-24　竹溪县西南小南沟村竹溪断裂典型露头照片（镜向:E）

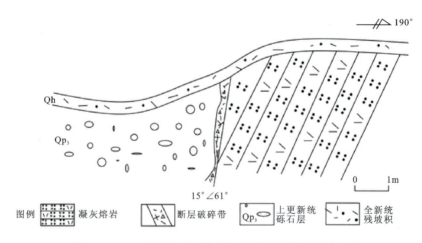

图2-3-25　竹溪县西南小南沟村竹溪断裂地质剖面图

主断面平直（图2-3-24a）,可见大型擦痕和阶步。断层破碎带宽1～15cm,由棕黄色断层泥、断层角砾岩组成。靠近主断面附近可以分为3个带,由里到外分别为:黄色泥状含细小石英颗粒构造岩带,宽2～5cm;褐色硅质胶结构造岩带,胶结物铁锈化,宽5～10cm;杂色构造岩带。断层上切至上更新统砾石层,但未错动全新统残坡积物。

地貌上差异显著,北侧为竹溪盆地,南侧则为低山丘陵带（图2-3-26）。

图 2-3-26　竹溪县西南小南沟村竹溪断裂两侧地貌(镜向:E)

3. 水坪镇西白云寺采石场剖面

该剖面点代表了竹溪断裂最东端发散型收敛部位的基本特征,规模大,形态壮观(图 2-3-27、图 2-3-28)。剖面自南而北依次为:①块状、巨厚层灰黑色碳质灰岩,夹中薄层灰岩,产状 300°/SW∠80°,变形、破裂显著,发育近东西向节理和似窗棂构造(长轴近东西,擦痕亦然);②f_1 产状 280°/SW、NE∠85°,呈短波弯曲,裂面上附有近水平线理;③暗灰褐色充填楔,宽约 1m;④浅褐色、褐灰色碎石、岩块,上覆浅褐色砂质黏土和碎石(Qp_{2-3}^{all}),宽 2m;⑤灰绿色砂质页岩,产状 220°/NW∠60°;⑥f_2 折线状断层,产状 310°/SW∠60°,被产状为 10°/SE∠40°的楔状裂面切割,暗灰绿色片状岩顺势嵌入;⑦人工堆积(Q^s);⑧中志留统($S_2 zh$)碳质板岩、绢云千枚岩、砂岩,产状 120°/SW∠50°,其与碳质灰岩为断裂接触(f_3),后期可能因卸载或人工开挖、滑落,显示张性特征。本段在地貌上南高北低,有 80～100m 的反差,北西向水系局部显示有左旋扭动趋势,水坪一带偶有小震活动。

该断裂控制了竹溪第四纪盆地的南界,残存断崖呈笔直的线性,南侧普遍为高程 700～800m 的低山;北侧则呈现高程 560～580m 的侵蚀台地或阶地,反差均在 150m 以上。盆地内上更新统中产生新的破裂系统,在盆地内的同庆沟、竹溪县城加油站等地,均可见及Ⅱ级阶地上黏土、砾石层受扰动产生小断层及滑移现象。断层年代学测定显示,其最新活动时代为 5.1 万 a(TL 法)(中国地震局地质研究所,2004)。1632 年曾在竹溪县城发生 5 级地震,小震亦偶有发生。

综合判定竹溪断裂为晚更新世活动断裂。

图 2-3-27　水坪镇西白云寺采石场断裂露头照片（镜向：SW→W）

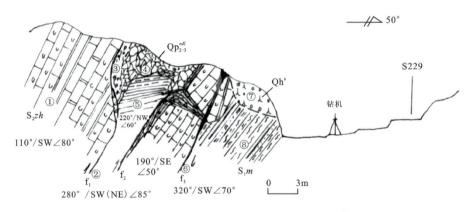

Qh^s.人工堆积；Qp$_{2-3}^{edl}$.中—上更新统残坡积；S$_2$zh.中志留统竹溪组；S$_1$m.下志留统梅子垭组；f$_1$～f$_3$.断裂。

图 2-3-28　水坪镇西白云寺采石场断裂示意剖面图

第四节　本章小结

湖北省境内主要断裂（带）有60余条，以北东向、北西向为主。新构造期以来，这些断裂（带）的活动强度与地震活动的相关性不尽相同，差异明显。北东向和北西向两组断裂（带）是省内主要破坏性地震的发震构造，近东西向断裂（带）偶有破坏性地震发生。各断裂（带）在新构造期的活动大多表现为正断性质，两盘垂向错动较大，水平错距不明显，不同区域断裂（带）活动强度不同（表2-4-1）。

第二章 湖北省主要断裂活动特征

表 2-4-1 湖北省主要断裂(带)特征一览表

编号	断裂名称	长度/km	产状 走向	产状 倾向	产状 倾角	断裂性质	最新活动时代	相关地震活动
F_1	淅川断裂	50	NW	NE	55°	正断	Qp_{1-2}	
F_2	两郧断裂	250	NW	NE	40°～60°	正断、逆断	Qp_2	
F_3	上寺断裂	90	NW	S	陡	正断	Qp_1	
F_4	金家棚断裂	10	NW	NE	陡	逆断	Qp_3	
F_5	白河-谷城断裂	200	NW	NE	30°～75°	逆断、正断	Qp_{1-2}	
F_6	安康-房县断裂	130	100°～130°	NE	60°～70°	正断、逆冲	竹山-房县段 Qp_3	公元前143年5级；788年6½级；1742年5级，小震成带
F_7	堵河断裂	90	NE	NW	40°～60°	逆断	AnQ	
F_8	盐池河断裂	80	NE	NW	55°	逆断	AnQ	
F_9	青峰断裂	50	EW	N	30°～80°	早期逆断、晚期正断	房县段 Qp_3，其他段 Qp_{1-2}	
F_{10}	九道-阳日断裂	120	EW	N	50°～75°	逆断	Qp_{1-2}	
F_{11}	板桥断裂	90	NW	SW	40°～60°	逆断	Qp_{1-2}	
F_{12}	新华-水田坝断裂	100	15°～20°	NW	60°～85°	正断/逆断	Qp_{1-2}	沿带小震密集
F_{13}	高桥断裂	50	45°	SE	40°～60°	逆/正断	Qp_{1-2}	
F_{14}	周家山断裂	30	20	NW	60°～70°	正断	Qp_1	1979年5.1级地震
F_{15}	马鹿池断裂	25	EW	N	40°～70°	逆断	Qp_{1-2}	
F_{16}	磨坪断裂	70	NE	SE	40°～80°	逆断	Qp_{1-2}	
F_{17}	建始断裂	60	30°	SE	60°～80°	逆断	Qp_{1-2}	
F_{18}	七曜山断裂	120	NE	NW/SE	60°～80°	逆断	Qp_{1-2}	
F_{19}	忠路断裂	110	NW	NW	40°～85°	逆断	Qp_{1-2}	
F_{20}	黔江断裂	90	NE	SE	75°	正断	Qp_3	
F_{21}	恩施断裂	100	NE	SE	40°～80°	正断	Qp_{1-2}	
F_{22}	莲花池断裂	80	NE	SE	45°～80°	逆断	Qp_{1-2}	
F_{23}	咸丰断裂	110	NE	NW	40°～70°	逆断	Qp_2	
F_{24}	来凤西断裂	90	NE	NW	40°～70°	逆断	Qp_1	

续表 2-4-1

编号	断裂名称	长度/km	走向	倾向	倾角	断裂性质	最新活动时代	相关地震活动
F_{25}	天阳坪断裂	120	NW	NE	30°~80°	正断	Qp_{1-2}	
F_{26}	公安-监利断裂	180	NW	NE	30°~80°	正断	AnQ	
F_{27}	新场-古老背断裂	30	30	NW	60°~80°	正断	Qp_{1-2}	
F_{28}	枝江断裂	60	30	SE	陡	正断右行	Qp_{1-2}	1351年4¾级地震
F_{29}	万城断裂	80	NE	NW	45°	正断	Qp_1	
F_{30}	太阳山断裂带	85	10°~20°	NW SE	陡	正断	Qp_{1-2}、Qp_3	1631~1843年发生4¾级、5¼级、5½级和5¾级地震各1次；1631的6¾级地震最大
F_{31}	澧县-石首断裂	100	EW	N	40°~70°	正断	AnQ	
F_{32}	半月寺-洪湖断裂带	180	320°~330°	SW	陡	正断	Qp_{1-2}	1470年、1630年2次5.0级地震
F_{33}	渔洋关断裂	55	EW	S	陡	逆断	AnQ	
F_{34}	仙女山断裂带	90	340°~350°	SW	60°~80°	逆冲正断右行	Qp_2	1961年4.9级地震，小震沿带密集
F_{35}	九畹溪断裂	40	NS	W	60°~75°	逆断	Qp_{1-2}	震群密集带
F_{36}	雾渡河断裂	80	320°	NE	65°~75°	正断逆断	Qp_{1-2}	
F_{37}	远安断裂带	131	25°~350°	SW	75°	正断	Qp_{1-2}	1969年4.9级地震
F_{38}	通海口断裂	90	NE	NW	45°	正断	Qp_{1-2}	
F_{39}	胡集-沙洋断裂	55	NNW	NE	45°	正断右行	Qp_2	1407年5½级地震，1469年5½级地震，1603年5级地震，1605年5级地震，1620年5级地震
F_{40}	南漳-荆门断裂	190	340°~350°	NE	50°~80°	逆断正断	Qp_{1-2}	小震和有感震沿带分布

续表 2-4-1

编号	断裂名称	长度/km	产状			断裂性质	最新活动时代	相关地震活动
			走向	倾向	倾角			
F_{41}	潜北断裂	100	NEE	SSE	陡	正断	Qp_{1-2}	1630 年 5 级地震
F_{42}	皂市断裂	67	NNW	SW/NE	65°	逆/正断	Qp_{1-2}	
F_{43}	襄樊-广济断裂带	380	NW	NE SW	60°～80°	逆断 正断 左旋	Qp_{1-2}	1629 年 4¾ 级地震，1633 年 4¾ 级地震，1640 年 5 级地震，2005 年 5.7 级、4.8 级地震，近现代小震频繁
F_{44}	青山口-黄陂断裂	195	NW	SW	陡	逆断、正断	Qp_{1-2}	现代小震频繁
F_{45}	大悟断裂	90	NNE	E	50°～70°	正断/逆断	Qp_1	
F_{46}	信阳-金寨断裂	265	NWW 转近 EW	SSW	60°～80°	逆断 左旋	Qp_{1-2}	1652 年 6 级地震，1913 年 5 级地震，1925 年 5 级地震
F_{47}	天门河断裂	45	NEE	N	陡	正断	Qp_1	
F_{48}	刘隔断裂	60	NE	NW	35°～45°	正断	Qp_{1-2}	
F_{49}	乌龙泉断裂	60	近 EW	SSW	陡	正断	Qp_{1-2}	近现代小震频繁
F_{50}	金口-谌家矶断裂	50	NE	NW	陡	正断	Qp_{1-2}	1605 年 4¾ 级地震
F_{51}	嘉鱼断裂	70	NEE	NNW	50°～60°	正断	Qp_{1-2}	现代有感震、小震较多
F_{52}	赤壁-咸安断裂	50	NE	NW/SE	50°～70°	正断	Qp_{1-2}	1954 年 4¾ 级地震
F_{53}	崇阳-新宁断裂	98	NEE	SE	70	正断	Qp_1	
F_{54}	塘口-白沙岭断裂	100	NNE	SE	45°～65°	逆断	Qp_{1-2}	1575 年 5½ 级地震，1863 年 5 级地震
F_{55}	阳新断裂	70	EW	S	65°～80°	正/逆断	Qp_1	1897 年 5 级地震
F_{56}	大冶湖断裂	40	EW	N	陡	正断	Qp_{1-2}	
F_{57}	郯庐断裂南西段	140	NNE	SE	70°～80°	逆断 正断右行	Qp_{1-2}	2011 年 4.6 级地震

续表 2-4-1

编号	断裂名称	长度/km	产状 走向	产状 倾向	产状 倾角	断裂性质	最新活动时代	相关地震活动
F_{58}	巴河断裂	60	NNE	SE	70°	正断	Qp_{1-2}	1633 年 4¾ 级地震, 1640 年 5 级地震
F_{59}	霍山-罗田断裂	150	NE	NW SE	陡	逆断 右行	南西段 Qp_{1-2}、北东段 Qp_3	1634 年 5½ 级地震, 1652 年 5½ 级、6 级地震, 1770 年 5¾ 级地震, 1917 年 6¼ 级, 5½ 级地震
F_{60}	麻城-团风断裂带	250	NNE	NW SE	60°～70°	正断 逆断右行	Qp_{1-2}	1913 年 5 级地震, 1932 年 6 级地震, 1925 年 5 级地震, 1633 年 4¾ 级地震, 1640 年 5 级地震
F_{61}	沙湖-湘阴断裂	165	NNE	NW	50°～70°	正断	Qp_{1-2}	1556 年 5 级地震
F_{62}	鹤峰断裂	50	NE	SE	40°～70°	正断	Qp_{1-2}	
F_{63}	官山河断裂	100	NE	NW	40°～80°	逆断	AnQ	
F_{64}	城口-房县断裂	>270	NW—NE—NWW	NE/N	50°～80°	逆断、正断	Qp_{1-2}	1742 年 5 级, 镇坪、房县沿带小震密集
F_{65}	长江埠断裂	25	NW	SW	45°	正断	Qp_1	
F_{66}	双台断裂	110	NE	NW	40°～70°	逆断	AnQ	
F_{67}	竹溪断裂	50	EW	N	40°～60°	正断	Qp_3	

湖北省境内主要断裂（带）的最新活动时代多为第四纪早、中更新世，如襄樊-广济断裂带、麻城-团风断裂、胡集-沙洋断裂、南漳-荆门断裂等。晚更新世以后仍存在活动的断裂主要有竹溪断裂、安康-房县断裂、青峰断裂、霍山-罗田断裂、黔江断裂和金家棚断裂。

第三章 湖北省地震活动性

本章通过介绍湖北省历史破坏性地震、现代地震和现代构造应力场特征，比较全面地说明湖北省地震活动性情况。

第一节 湖北省破坏性地震

破坏性地震主要是指震级大于4.7级（震中烈度约为Ⅵ度）的地震。它在湖北省涉及长江中游地震统计区、华北平原地震统计区、郯庐地震统计区和长江下游-南黄海地震统计区。由于历史文化、地域等诸多方面的原因，历史地震记载缺失较多。湖北大部分位于长江中游地震统计区内，据各地震带的地震记载和黄玮琼（1994）研究成果，湖北在公元1300年之前地震资料遗失较多，1300年以来$M \geqslant 5.5$地震记录较为平稳，1500年以后$M \geqslant 5.0$地震记录较为完整，1900年以后$M \geqslant 4.7$以上地震记录相对完整，1970年以来$M \geqslant 3.0$地震记录较全。

破坏性地震（$M \geqslant 4.7$）记录从以下资料中选取：①国家地震局震害防御司编《中国历史强震目录》（公元前23世纪至1911年$M_s \geqslant 4.7$，地震出版社，1995）；②中国地震局震害防御司编《中国近代地震目录》（1912年至1990年$M_s \geqslant 4.7$，中国科学技术出版社，1999）；③《中国地震历史资料汇编》（谢毓寿等，1983）1～5卷；④《湖北地震史料汇考》（熊继平等，1986）；⑤中国地震局地球物理研究所《中国地震年报》（1991年至2003年12月）；⑥中国地震台网中心《中国地震台网观测报告》（2004年至2020年12月）。

据上述文献，湖北省内最早的地震记载是公元前143年6月7日的湖北竹山西南5级地震；最大地震是公元788年的房县6½级地震，其次是1856年的咸丰6¼级地震以及1932年的麻城6级地震。自2000年以来，最大地震为2013年12月16日的巴东5.1级地震，最近一次破坏性地震是2019年12月26日的应城4.9级地震。

根据表3-1-1，编制了省内破坏性地震震中分布图（图3-1-1）以展示湖北省范围内地震活动的空间分布特征。从图3-1-1可以看出，湖北省有地震记载以来共发生过$M \geqslant 4.7$地震41次，其中$4.7 \leqslant M \leqslant 4.9$地震17次，$5.0 \leqslant M \leqslant 5.9$地震21次，$6 \leqslant M \leqslant 6.9$地震3次，无$M \geqslant 7$以上地震。区内破坏性地震主要在竹山—竹溪、黄州—鄂州、钟祥、麻城等地分布。

表 3-1-1　湖北省破坏性地震目录（公元前 143 年—2021 年）

编号	发震时间（年-月-日）	震中位置 纬度/(°)	震中位置 经度/(°)	震中位置 参考地名	精度	震源深度/km	震级	震中烈度
1	公元前 143-06-07	32.1	110.1	湖北竹山西南	Ⅲ	—	5(?)	Ⅵ
2	788-03-12	32.4	109.9	湖北房县—陕西安康间	Ⅳ	—	6½	Ⅷ
3	1336-03-09	30.2	116.0	安徽宿松、湖北黄梅间	Ⅱ		4¾	Ⅵ
4	1351-08-30	30.6	111.8	湖北枝江北	Ⅲ		4¾	—
5	1407——	31.2	112.6	湖北钟祥	Ⅱ		5½	Ⅶ
6	1465-03-04	31.86	112.2	湖北襄樊南	Ⅲ		4¾	
7	1469-11-13	31.2	112.6	湖北钟祥	Ⅱ		5½	Ⅶ
8	1470-01-17	30.1	113.2	湖北武汉西南	Ⅲ		5	
9	1584-03-17	30.8	115.7	湖北英山	Ⅱ		5	
10	1603-05-30	31.2	112.6	湖北钟祥	Ⅱ		5	Ⅵ
11	1605-06-08	30.8	113.0	湖北钟祥东南	Ⅲ		5	
12	1614-05-10	30.6	114.6	湖北武昌等五府	Ⅲ		5	
13	1620-03-05	31.1	112.7	湖北钟祥东南	Ⅲ		5	
14	1629-04——	30.3	115.1	湖北黄冈蕲州间	Ⅱ		4¾	
15	1630-夏	30.7	113.5	湖北天门汉川一带	Ⅲ		5	Ⅵ
16	1630-10-14	30.2	113.2	湖北沔阳沔城（今仙桃）	Ⅱ		5	Ⅵ
17	1632——	32.4	109.7	湖北竹溪	—		5	
18	1633-02-03	32.4	109.7	湖北竹溪	Ⅱ		5	Ⅵ
19	1633-04-06	30.6	114.9	湖北黄冈	Ⅲ		4¾	
20	1634-03-30	30.7	115.4	湖北罗田	Ⅱ		5½	Ⅶ
21	1640-09——	30.5	114.9	湖北黄冈	Ⅱ		5	Ⅵ
22	1742	32.1	110.8	湖北房县	Ⅱ		5	Ⅵ
23	1850-05-09	29.9	112.3	湖北公安东南	Ⅲ		4¾	—
24	1856-06-10	29.7	108.8	湖北咸丰、四川黔江间	Ⅰ		6¼	Ⅷ
25	1887——	32.4	111.0	湖北武当山	Ⅱ		4¾	Ⅵ
26	1897-01-05	29.9	115.2	湖北阳新	Ⅱ		5	Ⅵ

续表 3-1-1

编号	发震时间 （年-月-日）	震中位置			精度	震源深度/ km	震级	震中 烈度
		纬度/(°)	经度/(°)	参考地名				
27	1913-02-07	31.37	115.07	湖北麻城	Ⅱ	—	5	Ⅵ
28	1931-07-01	30.0	109.0	湖北利川南	—	—	5	Ⅵ
29	1932-04-06	31.37	115.07	湖北麻城黄土岗	Ⅰ	—	6	Ⅷ
30	1948-02-19	31.9	111.4	湖北保康	Ⅱ	—	4¾	Ⅵ
31	1954-02-08	29.7	113.9	湖北蒲圻（今赤壁）	Ⅱ	—	4¾	Ⅵ
32	1961-03-08	30.28	111.20	湖北宜都西	Ⅰ	14	4.9	Ⅶ
33	1964-09-05	33.08	110.65	湖北郧西	Ⅰ	9	4.9	—
34	1969-01-02	31.5	111.4	湖北保康	Ⅰ	14	4.8	Ⅵ
35	1979-05-22	31.08	110.5	湖北秭归	Ⅰ	16	5.1	Ⅶ
36	2006-10-27	31.48	113.08	湖北随州	Ⅰ	9	4.7	—
37	2008-03-24	32.57	110.08	湖北竹山	Ⅰ	8	4.7	—
38	2013-12-16	31.08	110.46	湖北巴东	Ⅰ	5	5.1	Ⅶ
39	2014-03-27	30.92	110.80	湖北秭归	Ⅰ	5	4.7	—
40	2014-03-30	30.9	110.8	湖北秭归	Ⅰ	5	4.9	Ⅵ
41	2019-12-26	30.87	113.40	湖北应城	Ⅰ	10	4.9	Ⅵ

注："—"表示数据不详。

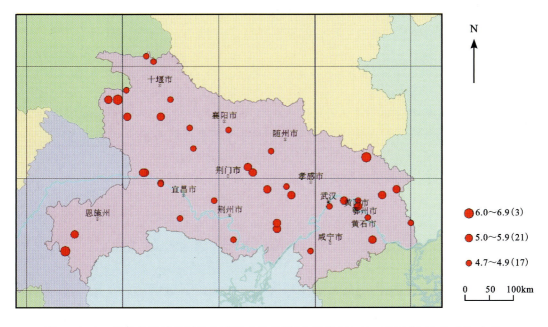

图 3-1-1　湖北省区域破坏性地震震中分布图（公元前 143 年—2021 年 12 月，$M \geqslant 4.7$）

第二节　湖北省现代地震

湖北省现代地震目录取自中国地震局地球物理研究所《中国地震年报》、中国地震台网中心《中国地震台网观测报告》和《湖北省地震局台网地震目录》。根据地震资料，编制了湖北省现代地震震中分布图(1970—2021年12月，图3-2-1)，以展示湖北省现代地震活动的空间分布特征。

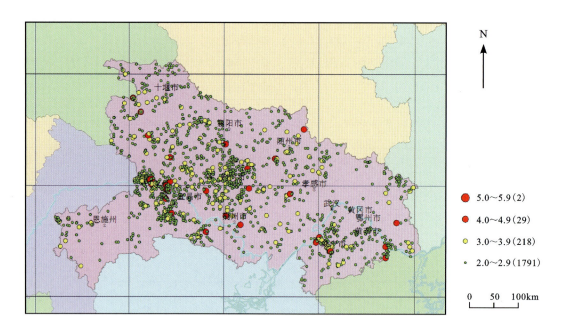

图3-2-1　湖北省区域现代地震震中分布图(1970—2021年12月，$M \geq 2.0$)

湖北省内现代地震分布与破坏性地震空间分布总体特征基本一致，但又稍有差异，地震在巴东—秭归、钟祥—荆门、武穴等地相对集中分布，其他地区散布。由图3-2-1可见，1970年以来区域内现代地震，共记录$M \geq 2.0$地震1963次，其中$2.0 \leq M \leq 2.9$地震1791次，$3.0 \leq M \leq 3.9$地震206次，$4 \leq M \leq 4.6$地震23次，$M \geq 4.7$以上地震7次。

第三节　现代构造应力场特征

现代构造应力场是驱动地壳断裂构造活动并孕育发生地震的基本原因，不同方向的断裂活动的性质及其发生地震的震源力学特性，反映了区域构造应力场的特征。研究现代构造应力场的主要方法是震源机制解、地表构造变形、地壳形变观测和原地应力测量等。

一、震源机制解

利用震源机制资料可以获得现代应力场信息。据研究,区域现代应力场和新近纪以来的构造应力场基本一致,具有明显的继承性。湖北省内局部地区应力场存在较大差异,主压应力轴方向既有北西西—近东西向的,也有北北西—近南北向的,差异的主要因素可能是构造差异,反映局部应力场的影响。

湖北省内的震源机制解资料显示,现代地震以小震、微震为主。图3-3-1为湖北省地震震源机制解区域分布。从该图中可以看出,湖北中东部、东部地区主压应力轴方向为北东向,倾角大于60°;主张应力轴方向为南东向,倾角小于30°;错动方式以正断层为主,呈现伸展运动特征。

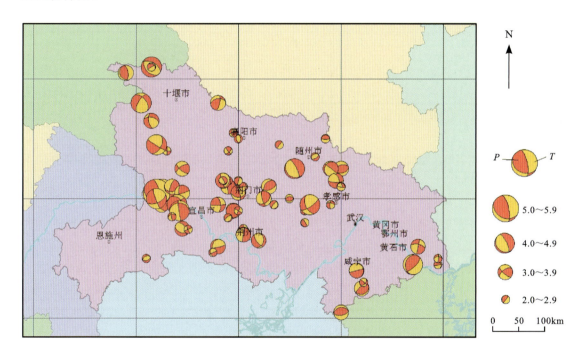

图3-3-1 湖北省地震震源机制解分布图

二、地震平均应力场

利用同一地区发生的多个小震的综合断层面解来推断区域构造应力场可能与真实情况更加接近。汪素云等(1985)根据1973—1982年期间中国东部小震P波方向初动数据,用格点尝试法求出23个分区内地震的综合断层面解的P、B、T轴,结合其他研究者以前得到的华北地区和鄂尔多斯地块周围地区的主应力轴方向结果,对中国东部大陆地区构造应力场的方向特征进行了归纳和分析。

高锡铭等(1994)根据1981—1993年之间湖北西部地区(N28°—34°,E108°—114°)99次

$M \geqslant 1.0$ 地震的 300 多个初动符号,得到这一地区的地震平均应力场和平均错动性质,同时考虑地质构造比较相近的特点,并尽可能提高平滑解的初动符号符合比,得到湖北西部地区和分区平滑解结果,对该区的构造应力场的震源错动类型进行了分析。本书引用上述研究中涉及湖北省区域范围的结果,见表 3-3-1。

表 3-3-1 区域及相邻地区地震平均应力场和平均错动性质

序号	地区	节面Ⅰ		节面Ⅱ		P 轴		T 轴		错动类型
		走向/(°)	倾角/(°)	走向/(°)	倾角/(°)	方位/(°)	仰角/(°)	方位/(°)	仰角/(°)	
1	河南南部	24.9	68.7	292.2	83.1	247	20	340	10	走滑型
2	安徽南部	113.8	83.6	204.2	86.5	69	7	339	2	走滑型
3	湖北东部	228.1	51.1	92.1	48.3	77	66	159	0	正断层
4	湖北西部	320	86	230	87	273	1	187	5	走滑型
5	湖北中东部	251	39	30	58	253	66	137	10	正断层

注:编号 1—4 据汪素云等(1985),编号 5 据高锡铭等(1994)。

湖北中东部、东部地区主压应力轴方向为 NE73°～77°,倾角 66°;主张应力轴方向为 SE137°～159°,倾角 0～10°;错动方式以正断层为主,呈现伸展运动特征。这一结果与该区域地质构造的实际情况是吻合的,也与汪素云等(1985)由地震资料得到的中国东部大陆构造应力场总体特征是基本吻合的。同时也可以看出,区域内不同分区主压应力轴取向范围大体一致,但由北向南主压应力轴方向逐步向南偏转,不同分区错动性质存在差异,显示这一地区构造的复杂性,反映不同区域局部应力场的不同,即不同区域控制地震活动的构造存在差异。

综合分析表明,由于湖北省内震源机制解资料不足,得到的结果一致性较差。因此,结合地震平均应力场的结果,区域主压应力轴优势方向为北东东-南西西向,仰角较大;主张应力轴优势方向为北西-南东向,仰角近水平;区域断裂以正倾滑断层破裂为主。

第四章

湖北省及邻区中强地震震例解析

第一节 中强地震震例(省内破坏性地震)

一、788年竹山 $6\frac{1}{2}$ 级地震事件

1. 历史地震资料

唐德宗贞元四年正月庚戌朔　788年2月16日
京师(长安,今西安市)

[贞元]四年正月朔日,德宗御含元殿受朝贺。是日质明,殿阶及栏槛三十八间,无故自坏,甲士死者十余人。其夜,京师地震,〈二日又震,三日又震,十八日又震,十九日又震,二十日又震。帝谓宰臣曰:"盖朕寡德,屡致后土震惊,但当修政,以答天谴耳。"二十三日又震,二十四日又震,二十五日又震,时金、房州尤甚,江溢山裂,屋宇多坏,人皆露处。〉

出自《旧唐书》卷三〇《五行志》

[贞元]四年正月庚戌朔,是日质明,含元殿前阶基栏槛坏损三十余间,压死卫士十余人。京师地震,〈辛亥(初二)又震,壬子(初三)又震。……丁卯(十八日),京师地震,戊辰(十九日)又震,庚午(二十一日)又震。……癸酉(二十四日),京师地震。……乙亥(二十六日),地震,金、房尤甚,江溢山裂,庐舍多坏,居人露处。陈留雨木如大指,长寸余,有孔通中,下而植于地,凡十里许。〉

出自《旧唐书》卷一三《德宗纪》

[贞元]四年正月庚戌朔夜,京师地震,〈辛亥(初二日)、壬子(初三日)、丁卯(十八日)、戊辰(十九日)、庚午(二十一日)、癸酉(二十四日)、甲戌(二十五日)、乙亥(二十六日)皆震,金、房二州尤甚,江溢山裂,屋宇多坏,人皆露处。〉

出自《新唐书》卷三五《五行志》

[贞元]四年正月庚戌朔,京师地震。大赦,刺史予一子官,增户垦田者加阶,县令减选,九品以上官言事。〈……是月,金、房二州皆地震,江溢山裂。〉

出自《新唐书》卷七《德宗纪》

2. 史料简析

(1) 788年金州、房州地震事件致使金州(今安康市)、房州(今房县)震害尤甚,江溢山裂、屋宇多坏,人皆露处。由于在"安史之乱"以后的唐德宗时代,人口较少,金州、房州农耕人口主要集中于安康汉江、月河盆地和房县马栏河盆地内,史料记载当属地方官员举目可见之事实。因此,金州、房州治所地震烈度为Ⅷ度,《中国历史地震图集》(国家地震局地球物理研究所等,1990)亦以Ⅷ度标示(图4-1-1)。正因为屋宇、庐舍破坏较重,不可居住,并且江溢山裂,危机四伏,不然人们何以都在正月过年之际在萧杀严寒之中露处。

金州、房州两地相距180km,即Ⅷ度区长轴半长90km。

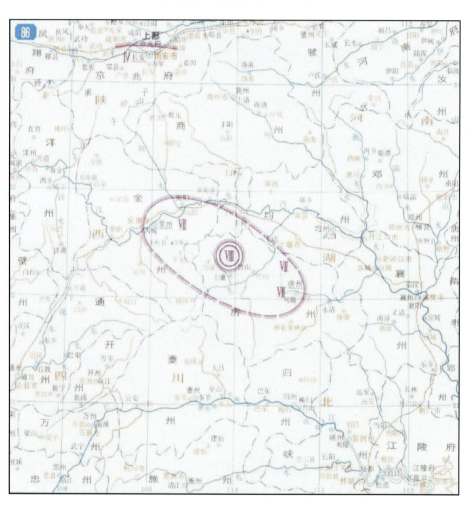

图4-1-1 788年竹山地震等震线图(据国家地震局地球物理研究所等,1990)

(2) 788年金州、房州地震事件的同时,京师长安23次地震有感,其中正月11次,二月、三月各4次,五月、八月各2次。其间,除金州、房州地震事件外,区域范围内没有其他强震发生的历史记载。《旧唐书》记述的"时金、房州尤甚"中的"时"当指正月,"尤甚"则系指密切关联。京师(即长安)是受影响而地震有感,不宜理解为京师发生有感震群。

金州距长安 190km,房州距长安 320km,金州和房州的居中点竹山擂鼓台距长安 240km。

(3)采用中国东部地震震级与地震烈度衰减关系,以Ⅶ度区半长轴尺度和有感半径可以估算出这次地震事件明显大于6½级,并且很可能具有 23 次 5.0 级以上强余震序列。它与 1976 年唐山 7.8 级地震、1966 年邢台 7.2 级地震和 1976 年龙陵 7.4 级地震等的强余震序列相似,故可判定必有较大主震。

(4)据上述三点,即可推定:"正月朔日,德宗御含元殿受朝贺。是日质明,殿阶及栏槛三十余间,……甲士死者十余人",是金州、房州地震事件主震震害,可达Ⅵ度,绝非"无故自坏",而是史官避讳所伪言。换言之,主震发生于正月初一早晨天明之时,而不是晚上和其他时间。

(5)唐德宗没有拨款救灾,彰显朝政衰落,财政拮据,并非灾情不严重。仅采取"大赦"、封官、通言路,"增户垦田者加阶"刺激生产;然而"增户垦田"亦暗示有重大人员伤亡,需引进外来人口,或把土地配租给有多余劳力的农户。

(6)将 788 年金州、房州地震事件判定为 6½级地震,误差较大。考虑到这一地震事件震级争议较大,存在一些不确定因素,本书仍以 788 年竹山 6½级地震给出,但适当考虑其不确定性。

3. 相关地震构造分析

本次地震因确切历史记载所限制精度较差,但极震区位于竹山宝丰晚白垩世蚀余盆地的可能性较大(图 4-1-2)。该盆地西北起自竹山陈家岭,经擂鼓台、宝丰,东南止于溢水西沟,全长 40km,最宽处 8km,在平面上呈对角线指向北西-南东向的不规则菱形。北缘是由震旦系—下古生界组成的低山和中低山,由东向西地势由 500m 渐增到 1200m,高出盆地顶面 100～300m。南缘为高 500～800m 的低山。盆内的构造-地貌组合比较复杂,总体呈现由北向南、由北西向南东的掀升势态,掀升幅度 150～200m,但西缘段明显偏大,局部超过 300m。河流主流线逼近南缘。盆地内被近南北向支流分割成一系列条状丘陵,其间则形成较开阔的冲、洪积堆积槽。

宝丰盆地的地层为上白垩统和第四系,经历过晚白垩世左行走滑拉分、古近纪走滑挤压,第四纪至今一直保持较强的活动状态。除边界断层具有明显的断层地貌外,值得提出的是,在盆地西端,由于晚第四纪以来的走滑挤压作用,早更新世和中更新世冲、洪积砾石层和前第四纪地层形成长约 25km、宽数千米的北西向挤压隆起脊,第四系被抬升 250～300m,断层两侧的垂直差动速率为 1.0～2.0mm/a。TL 法、ESR 法测定这些断裂的断层泥最新时代为晚更新世,SEM 法测年结果也证实断裂在晚更新世曾发生过黏滑运动。788 年(6½级)地震事件震中可能位于这种挤压脊岭附近,也可以认为本次地震的发震构造是安康-房县断裂带在宝丰盆地地段的"Z"字形结构中,晚更新世以来发生左行走滑导致阶区雁叠段压缩变形、储积构造应变释放的结果。

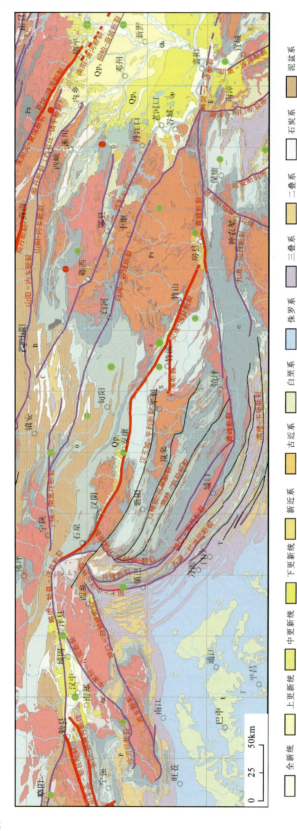

图4-1-2 南秦岭造山带地质构造略图（据刘锁旺等，1992）

二、1856 年咸丰大路坝 $6\frac{1}{4}$ 级地震

1. 地震简况

1856 年 6 月 10 日,湖北咸丰县大路坝发生 $6\frac{1}{4}$ 级较大中强震。据地方志记载:"地大震,大路坝山崩,由悔家湾抵蛇盘溪三十余里成湖,压毙居民数百计……"(同治《咸丰县志》);"地大震,大路坝独甚。山崩十余里,压死三百余家……"(宣统《湖北通志》);"地大震,辰巳间大声如雷霆,室宇晃摇,势欲倾倒,屋瓦皆飞,池波涌立,民惊号走出,扑地不能起立……"(光绪《黔江县志》)。

1987 年 8 月 18—20 日,国家地震局在河北省秦皇岛市召开了"1856 年湖北咸丰大路坝地震研究报告评审会"。评委会确认:这次地震是构造地震,而不是山崩地震,大规模山崩和滑塌是由地震引起的;综合各方面因素和各种方法估计,这次历史地震的震级为 $6\frac{1}{4}$ 级(刘锁旺等,1987)。根据大路坝 $6\frac{1}{4}$ 级地震的宏观影响场特征和所圈画的等震级(图 4-1-3)及有关资料,确定宏观地震参数如下。

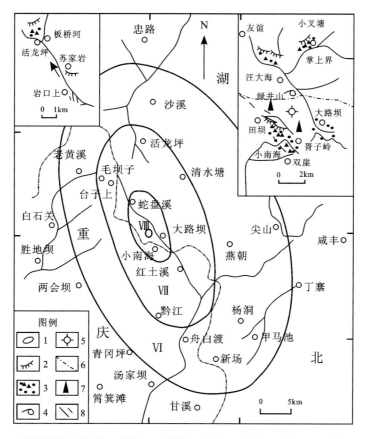

1.等烈度线;2.滑坡;3.崩积;4.地震湖;5.震中;6.省界;7.山峰;8.地震缝。

4-1-3　1856 年 6 月 10 日咸丰大路坝 $6\frac{1}{4}$ 级地震等震线图(据刘锁旺,1981)

(1) 震中位置:位于咸丰大路坝箭子岭一带(E108°48′,N29°42′)。
(2) 震中区烈度:Ⅷ度。
(3) 震源深度:利用刘正荣量板法作图,得衰减系数为1.5,震源深度约10km。
(4) 地震断层长度:据陈国达测定震源参数的宏观方法,兼顾极震区地震破裂现场调查资料,综合估算地震断层长度约20km,倾向北东,倾角45°。
(5) 断错运动型式:根据震兆异常和同震影响场特征,推断发震断层具左行位错破裂方式。

2. 构造地质背景

震中区位于鄂西重力梯度带西缘,重力值为-110×10^{-5}m/s²。航磁为鄂西南负磁异常区平稳腹心地带,化极延拓10km磁异常值为$-90\sim-80$nT。参照长江三峡东西向人工地震剖面的奉节点位,估计震中区上、中、下地壳各厚约15km。

这次较大中强震的相关区域构造为北北东向恩施-黔江断裂构造带。它由两个构造亚带组成。其一为晚白垩世以来间歇性鄂西隆起轴部恩施-咸丰-黔江纵张断凹带,走向北北东,宽20~30km,长达250km,发育串珠状晚白垩世断凹盆地,即建始盆地、恩施盆地和黔江盆地,沿线边界断裂为上地壳建始断裂、恩施断裂、咸丰断裂和黔江断裂。它们普遍具有朝向堑状断凹带内的高耸断崖地貌形态。其二为恩施-咸丰断凹带南半部西侧的北北东向毛坝-郁山镇-彭水断裂带。它与前述断凹带西缘相距20~30km,具有在北东走向上与建始断裂相连接的线性延伸特征。两亚带之间的大路坝地块向北东方向收敛,为中低山、低山地貌形态,切蚀强烈,地形支离而凌乱,缺失较大范围的高原夷平面;显著发育由泥盆系、二叠系水平岩层构成的高耸中低山平顶弧峰,如著名的二仙岩、八面山即位于震中区南、北两翼。

恩施-黔江断裂构造带具有如下变形破裂特征:第一,单条断裂往往由一系列断层组成宽变形带,宽度可达1~2km。第二,主断层具宽10~50m松散密集的破裂带,松散的断层角砾岩与间夹变形透镜体群的片理化构造岩,断层泥平行并存于破碎带中,构造岩总宽度普遍不大于15m,片状构造岩与断层泥宽约1m。此外,破裂带中尚见有排列整齐的剪切微菱形角砾和经受变形改造的磨砾岩。第三,大量的构造岩年龄值散布于整个更新世,黔江断裂内中坝和白井寺含碳断层泥年龄值分别为$(20\ 510\pm245)$a和$(16\ 110\pm155)$a(^{14}C法)。这些最新的年龄值和1856年大路坝6¼级地震足以说明恩施-黔江断裂构造带在第四纪具有不容忽视的新活动。

3. 地震成因

大路坝6¼级中强震位于上地壳大路坝条状断块内。该断块宽20~30km,向建始方向收敛。这种部位实际上是鄂西隆起轴部北北东向堑形断凹带的左肩。如图4-1-4所示,在震中东侧,北北东向黄金洞断裂(倾向南东)与黔江断裂(倾向北西)作左行左阶枢纽型式;而在震中西侧,北北东向毛坝断裂与郁山镇断裂作左行右阶型式。震中区则发育一组北北西向低序次断层,即栅山-老黄溪断层(长约40km,倾南西,倾角70°~75°)、枷担溪断层(长

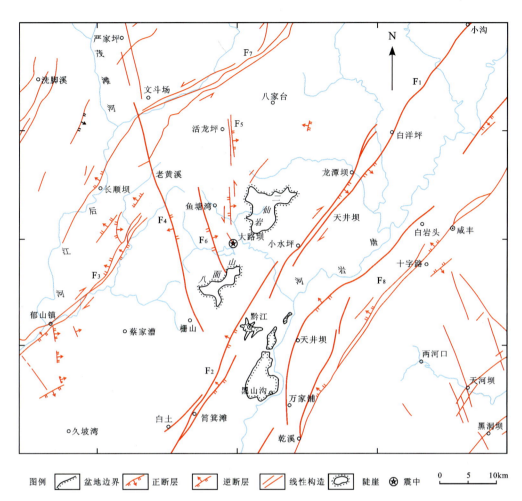

F$_1$.黄金洞断裂;F$_2$.黔江断裂;F$_3$.郁山镇断裂;F$_4$.老黄溪-栅山断裂;F$_5$.活龙坪断层;F$_6$.枷担溪断层;F$_7$.毛坝断层;F$_8$.咸丰断裂;K$_2$.上白垩统蚀余盆地。

图 4-1-4 咸丰大路坝 6¼ 级地震震中区断裂构造略图

约 15km,倾向北东,倾角 50°～60°)和活龙坪断层(长约 30km,倾向北东东,倾角 50°～70°)。据刘锁旺等(1987)的实地调查成果,活龙坪断层断续延至震中部位,破碎带呈楔状,上窄下宽,构造岩以碎裂岩、片状岩和角砾岩为主,整个带宽约 60m;地震时,沿带出现一系列地表破裂和山崩、滑坡,如箭子岭北西向地震断裂横向错截东西向基岩山脊,形成宏大笔直壮观的地震断崖,西盘相对向南东(160°)方向运动,发生最大的大路坝左行错落崩滑体,即大垮岩、小垮岩崩滑体。据此认为,活龙坪断层是大路坝 6¼ 级地震的破裂响应构造,或者说它是正在发育的地震破裂断层,即孕震构造。由于北北东向恩施-咸丰-黔江断凹带具有区域构造属性,在鄂西隆起轴部能产生较为协调一致的主滑动位移分配,因此可将黄金洞-黔江断裂带作为主要控震构造,参与控震的尚有毛坝-郁山镇-彭水断裂带。当控震构造右行剪切滑动时,大路坝条状断块遭受右旋剪切应变,导致块内北北西向低序次断层出现左旋地震剪切破坏。此次震前、震后在北北西向发震构造的南东象限出现花垣、龚滩、彭水、郁山等处井泉喷溢现象,也佐证发震构造具有左旋剪切破裂运动学特征。本区现代地震应力场(P:NE—SW,T:NW—SE)亦满足这一运动学特征。值得指出的是,大路坝条状断块沿北东向边界断层右旋滑动时,必然会在地块内产生北北西向相对挤压隆起地段,震中区所出现的高耸中低山——八面山和二仙岩(1693m)绝非偶然。1931年利川清坪5.0级地震即位于毛坝北侧的另一隆起分水岭地带,它与大路坝6¼级地震震中仅相距55km,其间恰好为一相对低凹地带。

三、1932年4月6日湖北麻城黄土岗6级地震

1. 震害简况

1932年4月6日麻城北黄土岗乡发生6级地震。据记载:"北乡地震,民房多倒塌,三月鹰山尖等处地裂,黑水涌出……,又有大石五、六方飞落郭家畈田中。"

据调查,极震区沿举水河谷展布,长轴北北东向,民房破坏严重,河谷地带地裂缝、喷沙冒水普遍。宏观震中位于鹰山,包括山腰上的古洞寺和坡脚下的郭家畈。

2. 大地构造

麻城黄土岗6级地震发生于大别断块和桐柏断块的边界构造带上,亦即麻城-团风断裂。由于两断块新构造运动呈相对右行,桐柏断块东北角出现强挤压南北向条状上升断块。该条状断块亦为麻城-团风断裂的上盘次生块体,它呈现剥蚀强烈的陡峻低山地貌形态。这次地震位于大别幔陷与桐柏幔陷之间的相对幔隆带上。大别断块和桐柏断块的相对右行,导致麻城-团风断裂黄土咀至商城段(北段)为压剪性,黄土咀至团风段(中段)为张剪性,梁子湖段(南段)为剪张性,表现出同一断裂的不同力学性质。两断块还呈现显著的垂直差异运动。在麻城盆地东缘,地貌反差强烈:断裂东侧为中低山、低山;西侧为红层(K_2—E)岗地。麻城白垩纪—古近纪盆地向北收敛,向南发散。盆地红层中见有多期玄武岩,或侵位、或喷溢。这种深切的开口裂陷构造的收敛端,即是裂缝扩展的孕震闭锁段——积累单元;盆地区则为蠕滑调整单元。

3. 震中区构造分析

黄土岗北东向帚状断裂是麻城-团风断裂北段上盘条状断块的西缘边界构造(图4-1-5)。它由3条断裂组成:东为白路边-石槽冲断裂,西为火炮寨-豹子岩断裂,中间即为鹰山尖-四道河断裂。东、西两断裂长约20km,北段向北西倾,南段向南东倾,倾角均在70°以上;为枢纽构造。东断裂由南往北破碎带宽度由10余米递增为数十米,矽化带亦同步增宽;西断裂由北向南矽化破碎带宽度由10余米增大为百余米;位居其中的鹰山尖-四道河断裂长不足5km,倾向北西,倾角60°~75°,其鹰山矽化破碎带宽约500m,往南过四道河后迅速尖灭。此帚状断裂平均展布宽度约5km,东、西两断裂之间呈现第四纪槽地。此外,黄土岗帚状断裂

南端受截于北西向黄土咀-王福店左旋走滑断裂。根据黄土岗 6 级地震的等震线,地震断层倾向北西,倾角 65°,长 13km,系由南往北的单侧破裂;震源深度约 8km。显然,黄土岗北东向帚状断裂为孕震构造系统,麻城-团风断裂为其控震构造。

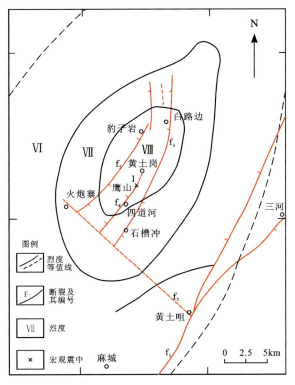

f_1. 麻城-团风断裂;f_2. 黄土咀-王福店断裂;f_3. 白路边-石槽冲断裂;f_4. 四道河-鹰山断裂;
f_5. 火炮寨-豹子岩断裂。

图 4-1-5　1932 年麻城黄土岗 6 级地震的震中构造及等震线图

4. 地震活动分析

根据历史地震序列,如 1913 年麻城 5 级地震、1925 年商城 5 级地震、1932 年黄土岗 6 级地震和 1959 年潢川 5 级地震均分布于麻城-团风断裂上和近邻地带,这显然表明了麻城-团风断裂的控震作用。

四、1954 年湖北蒲圻(今赤壁)4¾级地震

1. 震害简况

1954 年 2 月 8 日蒲圻石坑渡发生 4¾级地震。据记载:"沙田乡古庙屋顶震塌,倒房六间。潭头乡房屋掉瓦,墙壁旧有裂缝加宽。石坑渡旧庙之后殿东墙呈垂直裂缝,北墙旧有裂缝增宽,瑞碧滩倒房檐墙两间……震中区(六度)呈近东西向长轴椭圆。"宏观震中位于石坑渡(图 4-1-6)。

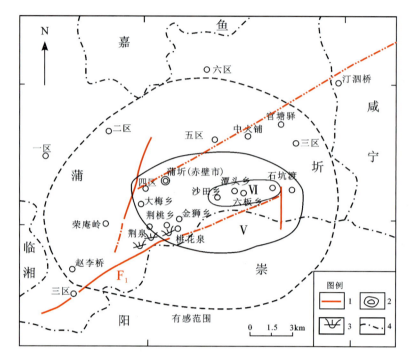

F_1. 赤壁-咸安断裂南西段；1. 断层；2. 等烈度线；3. 温泉；4. 省、县界。

图 4-1-6　1954年2月8日蒲圻(今赤壁)4¾级地震等震线图

(据中国科学院地球物理研究所，1954)

2. 大地构造

震中区位于江南古陆与其北侧古生代坳陷的过渡地带。这一过渡地带自晚中生代以来表现为扭动特征，南、北两侧地貌形态反差较强。新构造期，南侧幕阜地块缓慢隆起，北侧为振荡性升降，地貌分异明显。

3. 震中区构造分析

蒲圻地震发生于临湘弧形构造东翼弧上，其西翼被幕阜地块西缘构造沙湖-湘阴断裂所截。临湘弧东翼主干断裂为五洪山-羊楼司断裂，其走向由北东渐变为近东西向，长约40km，倾向南东，倾角58°～70°。在五洪山一带，出露北东东向矽化破碎带，宽约30m，倾向南东，倾角50°，并且沿走向向东延展约6km，继而向东隐伏，倾伏角达20°～30°。坑探表明：五洪山矽化破碎带中见有宽1～3m的裹有矽质角砾的杂色断层泥，温泉群沿带分布，地表水温35～65℃。五洪山-羊楼司断裂东段北盘发育第四纪槽地(18km×3km)，并且该槽地西端部存在由中更新统网纹红土所构成的横向隆起，东端为近南北向断裂所截。这次中强震即位于五洪山-羊楼司断裂东端部石坑渡，显示了相对活动段闭锁端孕震的构造形式。

4. 地震活动分析

据史料记载,明、清两朝和民国年间,蒲圻、临湘一带均有地方有感震。1954年2月8日蒲圻4¾级地震之前,发生3次有感震,震级为3~3.5级。主震之后,出现11次有感震;最大一次余震发生于1955年1月2日,有感半径至少为20km,震级可能为4级。显然,蒲圻地震为前震、主震、余震序列,体现了五洪山-羊楼司断裂宽大矽化破碎带的非均匀介质特征。

五、1979年秭归龙会观5.1级地震

1. 地震简况

1979年5月22日秭归龙会观发生5.1级地震。这是一次孤立型中等地震,仅于5月31日在距主震约5km的北东方向有一次M_L1.6级小震。但是,就震前区域小震活动分析,存在秭归-保康北东向小震条带和秭归-荆门东西向小震条带,两个小震条带交会部位即为5.1级地震的孕震地段。这次地震的宏观等震线长轴为北北东向。极震区地震烈度为Ⅶ度。极震区内,80%以上的房屋受到不同程度的损坏和破坏,其中破坏严重不能住人的约40户,险房500户,伤4人;牛棚猪圈破坏普遍,压死生猪2头,耕牛1头;山石滚落较多,最大达5t有余;龙会观陡崖西侧千军坪地裂缝长42m,宽1~3cm,最宽达12m(图4-1-7)。

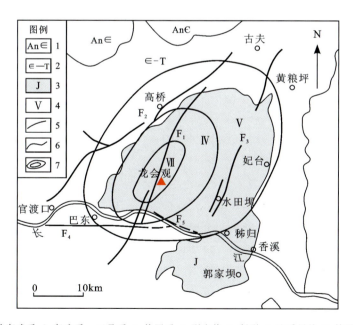

1.前寒武系;2.寒武系—三叠系;3.侏罗系;4.烈度值;5.断裂;6.地质界线;7.等震线;
F_1.周家山-牛口断裂;F_2.高桥断裂;F_3.水田坝断裂;F_4.马鹿池断裂;F_5.泄滩断裂。

图4-1-7 1979年5月22日秭归龙会观5.1级地震和震中区断裂构造图
(据李安然等,1996修改)

秭归龙会观 5.1 级地震测震震源深度 16km，但据宏观等震线求得的震源深度为 9km，衰减系数 2.0。据王静瑶的研究，本次 5.1 级地震震源机制解为：节面 A 走向 296°，倾向南西，倾角 73°；节面 B 走向 37°，倾向北西，倾角 59°；P 轴方位 349°，仰角 8°；T 轴方位 253°，仰角 35°；显示左旋逆平移断层作用。显然，这次中强震震源应力状态不同于鄂西小震叠加平均应力场（P:NE-SW，T:NW-SE）。

2. 构造地质条件

震中区位于鄂西北北东向重力梯度带西缘，其重力异常值为 $(-100\sim110)\times10^{-5}$mgal。由于重力梯度带在长江宜昌—巴东段呈细腰形态，故这一部位具有较大的梯度值，约 1×10^{-5}mgal/km。据航磁延拓 10km 化极磁异常图，震中区位于黄陵-神农架正磁异常区与恩施-长阳负磁异常区之间的近东西向磁异常梯度带内，磁异常值为 10～20nT。长江三峡人工地震测深表明，震中区上、中、下地壳厚度分别为 11km、12km 和 18km；但从长江南侧向秭归侏罗系向斜震中区，各层均有 2～3km 的变浅形态，显示了在长江南北近邻地带下方的各层具有近东西向拗折特征。

秭归龙会观 5.1 级地震震中区相关构造为北北东向周家山-牛口断裂，并且周家山断裂与牛口断裂在长江南北方一带呈左行左阶型式，岩桥宽度 1.6km，最大线性长度 9km。该断裂斜切秭归侏罗纪盆地西翼，向北与北东向高桥断裂斜接，全长约 40km，倾向北西，倾角 60°～70°；断裂线性影像清晰，沿中段龙会观—周家山一线发育高差强烈面向西的断层崖和规模宏大的滑坡群，且以龙会观尤甚；断层破碎带宽 10～20m，见有断层角砾岩、碎裂岩粉和断层泥等。据长江三峡人工地震测深，周家山-牛口断裂切过结晶基底，倾向西，基底顶面断差约 1km，西浅东深。周家山断裂和牛口断裂左旋位错侏罗系（J_2x）剩余形变量分别为 200m 和 600m。

北北东向周家山断裂在长江南、北两侧分别穿切近东西向马鹿池断裂、泄滩断裂。马鹿池断裂线性影像长度可达 40km，断层破碎带宽达 40～80m，主断面光滑波状，以 65°～70°北倾，构造岩为松散的断层角砾岩、断层泥和片状构造岩夹微透镜体群，或为密集的剪切破裂带，断层泥 SEM 法测定表明其主要活动时代为中更新世。泄滩断裂全长约 15km，倾向北北东（5°～10°），倾角 45°～60°，构造岩带宽约 9m，由侏罗系（J_1）砂岩碎裂岩及剪切透镜体带组成，胶结较差。断层泥 SEM 法测定其主要活动时代为早更新世。据现代地震台网测定和地震宏观考察，在马鹿池断裂和泄滩断裂展布地带，1979 年秭归龙会观 5.1 级地震前十年内，零星发生的小震呈近东西向展布，尤以 1977 年 3—4 月间泄滩小震群引人注目，其中 3 次较大的小震震级为 M_L3.9 级、3.1 级、2.8 级，当地均有感，震中烈度达Ⅴ度，等震线长轴呈东西向。据此估算，其震源深度在 3～5km 之间，这一深度大致相当 P_g 面附近，即沉积盖层与结晶基底的界面深度。

3. 地震成因

秭归龙会观 5.1 级地震的区域构造运动学成因是黄陵断块西南缘北北西向仙女山断裂

带具有现代趋势性深部右旋剪切走滑活动。沿带分布的小震活动和周坪台基线测量表示的趋势性右旋剪张活动以及震前右旋走滑的前兆形变异常可为佐证,按单断层右旋走滑模式,仙女山断裂带南段东侧上地壳次级平移断层系统储能而发生以1961年潘家湾4.9级地震为代表的地震活动;其北段西侧巴东-秭归上地壳拗折变形带一线储能出现以秭归龙会观5.1级地震和泄滩小震群为代表的地震活动。由于周家山断裂和牛口断裂雁列构成的岩桥亦位于这一拗折变形带中,因此在仙女山断裂带西侧地块相对向北楔进运动时,除了沿拗折变形带存在小震应变响应外,龙会观岩桥发生左旋剪压储能应变进而发生左旋逆平移地震断错破坏,导致局部震源应力场与区域小震叠加平均应力场完全不同的现象。龙会观主峰高1716m,为秭归向斜西翼显著上升的中低山岭区,暗示了新构造期长趋势剩余应变累积的特征。

六、2013年12月16日湖北巴东5.1级地震

1. 地震基本参数及地震活动

发震时间:2013年12月16日13时4分;
震中位置:湖北省恩施土家族苗族自治州巴东县(N31.1°,E110.4°);
地震震级:5.1级;
震源深度:5km;
震中烈度:Ⅶ度。

本次地震为主震-余震型,12月16日23时13分发生5.1级地震以后,截至12月19日16时,震区共记录到余震121次,其中0~0.9级88次,1.0~1.9级27次,2.0~2.9级4次,最大余震为19日2时56分2.5级地震。

2. 地震烈度

此次地震的最大烈度为Ⅶ度,等震线长轴呈近东西—北西西走向展布,Ⅵ度区及以上总面积为251km^2。

Ⅵ~Ⅶ度区调查方式采取现场调查为主结合电话及其他通信方式进行。调查区域包括巴东县城区、信陵镇、官渡口镇、东瀼口镇、溪丘湾镇和秭归县泄滩乡、沙镇溪镇西部。

调查结果显示,本次地震的宏观震中位于巴东县东瀼口镇宋家梁子村,震中烈度为Ⅶ度。Ⅶ度区包括宋家梁子村一组、二组和陈家岭村五组堰湾等地,Ⅶ度区长轴方向为北西西向;Ⅵ度区范围较大,涉及巴东县城区、信陵镇、官渡口镇、东瀼口镇、溪丘湾镇和秭归县泄滩乡、沙镇溪镇西部。具体分布见地震Ⅵ~Ⅶ度等震线图(图4-1-8)。

3. 震中附近地震构造

震中区东、西两侧各发育一条北东—北北东向区域断裂,即高桥断裂和周家山-牛口断裂。宏观震中北部还可见一小型近东西向断裂——大坪断裂,南部则有近东西向的马鹿池断裂(图4-1-9)。

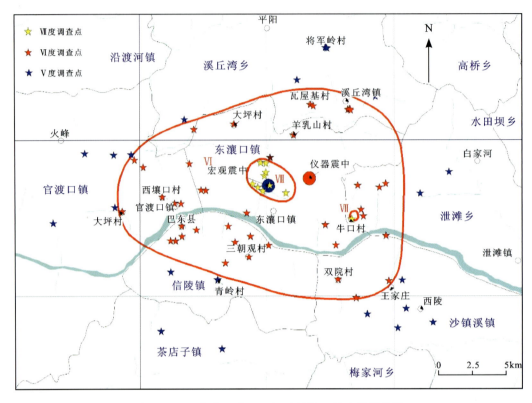

图 4-1-8　湖北巴东 5.1 级地震 Ⅵ～Ⅶ度等震线图

1) 周家山-牛口断裂(F_3)

在秭归龙会观 5.1 级地震中已叙述，此处不再重复。

2) 高桥断裂(F_2)

高桥断裂西南起自官渡口镇西大坪村西南，向北东经炮台山北、将军岭村，过高桥后北东向延伸出湖北省，总体走向呈 45°，断续延展约 45km。断裂由 1～2 条分支断层组成，断面倾向南东，倾角 50°～70°，切割地层主要为中、下三叠统，在高桥东北被北西向断裂切割。

断裂是在燕山运动 Ⅱ 幕时或后期，与扬子盖层褶皱变形共生的一组斜滑剪切带，可能具有较大的水平位移量。根据北段断裂两盘同期地层分布估算，左旋滑动分量最大可达 5000m，相继切割过早期的一系列近东西向盖层褶皱和走向断裂，并使其或多或少地呈现左旋位移。据前人研究，断裂带已深切至结晶基底，两盘断差 1500m，构造变形强烈，各类构造岩均较发育。其与秭归盆地的关系、内部构造及显微构造特征，揭示该断裂经历了多期构造变动，即燕山早期较强的正断活动、燕山中期大规模的左旋平移逆冲活动和喜马拉雅期的张性正断活动，甚至新构造运动以来仍有所活动，应属工程活动断裂，但活动性相对较弱，活动强度不高。

3) 大坪断裂(f_1)

大坪断裂发育于三叠系巴东组紫红色泥岩、砂岩中，走向 85°，倾向南西，在燕山期表现为逆冲活动，在新构造期则主要为张性正断活动性质。

第四章 湖北省及邻区中强地震震例解析

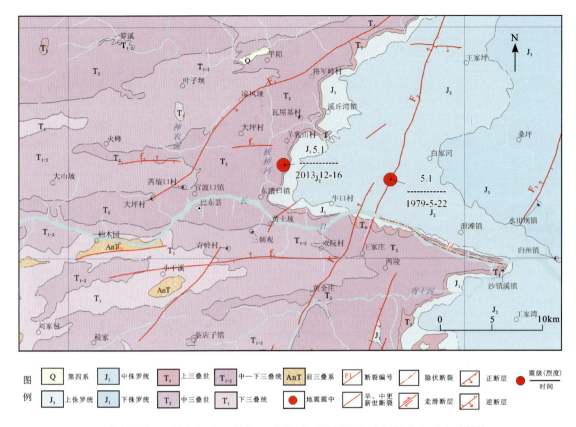

F₁.高桥断裂；F₂.周家山-牛口断裂；F₃.新华-水田坝断裂；f₁.大坪断裂；f₂.马鹿池断裂；
f₃.观音堂断裂；f₄.泄滩断裂；f₅.楠木园断裂。

图 4-1-9　湖北巴东 5.1 级地震震中附近地震构造图

4. 相关构造分析

本次地震震源深度约 5km，属浅源地震，震中烈度为Ⅶ度，有感范围波及整个湖北省中西部。根据地震监测记录波形分析，此次地震为水库诱发地震，与水库蓄水及周家山断裂、牛口断裂和大坪断裂的活动有关。

七、2019 年 12 月 26 日湖北应城 4.9 级地震

1. 地震参数及邻区地震活动

2019 年 12 月 26 日 18 时 36 分 34 秒，湖北应城（震中位置：N30.87°，E113.40°）发生 4.9 级地震，震源深度 10km。截至 2020 年 1 月 3 日，共记录到余震 6 次，其中 1.0～1.9 级 5 次，2.0～2.9 级 1 次。2019 年 12 月 26 日湖北应城 4.9 级地震是湖北省自 2006 年湖北随州三里岗 4.7 级地震发生以来最大的一次地震，距离本次地震 50km 范围内，在天门、汉川

一带发生过1605年和1630年5级地震,也是本区最大地震。根据余震记录,主震与最大余震震级相差2.7级。

2. 地震烈度

本次地震烈度调查中有效调查点40个,其中Ⅶ度点1个、Ⅵ度点23个、Ⅴ度点16个。

应城地震的影响范围主要涉及应城市、京山市、天门市和汉川市。地震影响区房屋结构类型以砖混结构、砖木结构常见,有一定比例土木结构,砖砌体少、土坯房极少;但在农村保留一定量的土木、砖木结构老旧房屋,较少,未住人,年久失修。

本次地震Ⅶ度(7度破坏特征)点位于应城市杨岭镇驻地。Ⅵ度(6度破坏特征,图4-1-10)区,呈北西走向,长轴长约17.0km,短轴呈北东走向,长约9.6km,总面积约130.6km²,主要涉及应城市杨岭镇、陈河镇、汤池镇,京山市曹武镇,天门市皂市镇和汉川市垌冢镇6个镇。

应城4.9级地震烈度长轴呈北西向展布,短轴呈北东向,长轴方向与震中区北北西走向的皂市断裂保持基本一致。同时,应城4.9级地震震源深度为10km,属于浅源地震,且发生在江汉-洞庭盆地北东缘,地震有感范围较大。

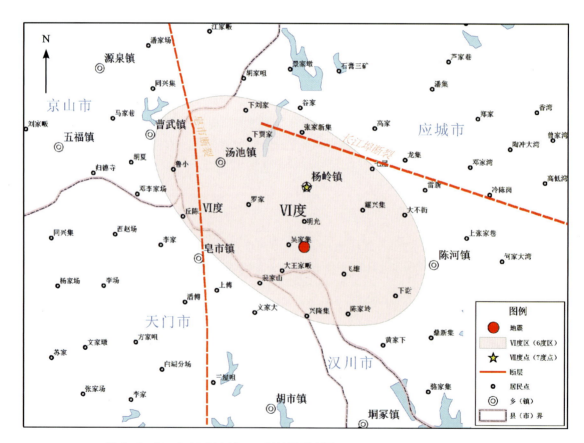

图4-1-10 2019年应城4.9级地震烈度图(据湖北省地震局,2019,略修改)

3. 发震构造

据吴海波等（2021）研究，通过综合分析主震震源机制解、余震分布、烈度等震线、震源深度以及区域构造和应力场特征，推断襄樊-广济断裂带中段的次级断裂——皂市断裂与长江埠断裂构造活动共同引发此次应城地震序列活动，为本次地震控震构造。

第二节　中强地震震例（邻区中强地震）

一、1631年8月14日常德6¾级地震

1. 震害简况

1631年8月14日，常德、澧县、安乡一带发生强烈地震活动，震中地带出现严重震灾。极震区烈度高达Ⅷ～Ⅸ度（图4-2-1）。

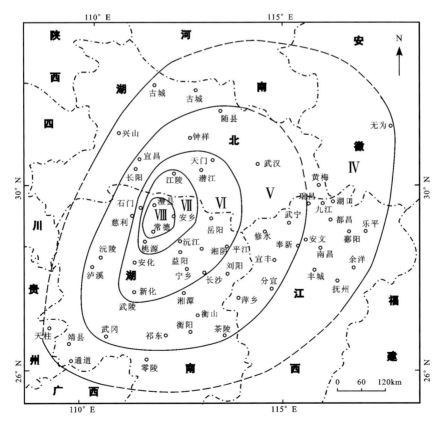

图4-2-1　湖南常德1631年6¾级地震等震线图（据董瑞树，2009）

常德：崇祯四年辛未七月十七日己丑夜，亥子之交地震有声，从西北起，其响如雷，须臾黑气障天，震撼动地；荣府宫殿倒塌，压死男妇六十人；城屋崩坏，墙垣尽倒，压死居民男妇无数；四处土裂，地裂孔穴，浆水涌出，井泉喷溢，露宿者月余；每日三四震，吼声如雷，遂连三岁不止（出自《崇祯长编》和《常德府志》，康熙九年刊本）。

澧州：又于次日，澧州亦震数次；城内地裂，城墙房屋崩坏，压死居民十余人（乾隆十五年刊本《澧州志林》作"压死者众"）。三家井喷出黄水，铁尺堰喷出黑水，彭山崩倒，河为之淤（出自《崇祯长编》）

安乡：夜地震，自东北来，声如雷，地裂拆涌水；凡地崩坼者，红水溢出，树倒屋倾，鸟兽惊奔鸣号，打死人民无数（出自《安乡县志》，康熙二十二年刊本）

江陵七度区：夜半前，天忽通红，声如雷，民之卧于市街者，相互翻于闾左，遂相骇为沉地，惊号喊持泣；坏城垣十之四，民舍十之三，压死军民十余人（出自《崇祯长编》和《荆州府志》，康熙二十四年刻本）。

1631年常德地震事件以往仅确定为 $6\frac{1}{2}$ 级，1987年中国历史地震专业委员会重新确立为 $6\frac{3}{4}$ 级。尽管如此，湘鄂两省的部分地震研究者仍有不同看法，认为震级仍然偏小。本书仍以正式公布的震级为准。

2. 构造地质条件

江汉-洞庭盆地为晚中生代—早新生代准大陆裂谷伸展构造，以拉斑玄武岩为主。江汉-洞庭盆地北宽南窄，向南西收敛，常德地震事件即发生于南西隅。桃源、泸溪、怀化雁列展布的白垩纪—古近纪盆地是其收敛尾端构造。常德地震事件的全过程中有中等地震响应。这种大地构造条件类似于撕裂型或者剪裂型破坏模型。

常德地震事件发生于洞庭断陷盆地西缘的一条近南北向强烈变形带上，由古生代—早中生代地层组成的武陵褶皱束，在太阳山断凸西侧强烈变形，构成向南弯曲的弧形褶皱，并且均由北东向或北东东向突然转为北北东向，变形强烈地段均被北北东向、近东西向断裂切割，呈现复杂断块结构。在燕山晚期至喜马拉雅期，太阳山断凸呈正向单元，两侧的安乡断凹和澧县断凹则不断沉陷，反差强度达2000～3000m。第四纪以来，此种差异活动亦然，残留在山前或纵谷中的地层厚度不足50m，而东侧厚度最大超过200m。

1）太阳山断裂带东缘断裂（Ft-1）

它构成安乡凹陷和太阳山断凸之间边界，二者之间晚白垩世—古近纪差异运动显著，第四纪差异运动幅度达150～200m。太阳山断凸呈现陡峻的低山、丘陵、岗地地貌，其东侧安乡沉降区为低平原河湖地貌，故该断裂具有同沉积断拗特征，中更新世有一期明显活动。

2）太阳山纵谷断裂（Ft-2）

在构造地貌上，太阳山丘陵呈南北向展布，长约60km，宽约15km，突兀于洞庭盆地西缘岗地前端部，构成显著的地貌反差。这一狭长丘陵地带的山岭在地貌上呈北北东向雁行排列。由南往北的山岭依次为太阳山山岭、阮山山岭和澧水南岸的大旗山山岭，其主岭高程分别为560.5m、252m和251.1m。前二者呈现向南西翘起的地貌特征，后者反之。此外，与太阳山山岭隔谷相对的北北东向凤凰山山岭，向北东翘起，主岭高程为378m。这些山岭除大旗山为上白垩统外，其余主要为元古宙板溪群，局部为早古生代海相地层。

在太阳山山岭与凤凰山山岭之间有一近南北向纵谷，其东缘呈线性地貌陡坎。谷内堆积更新世河湖相地层，不整合于板溪群之上。谷地中现今小河的最低高程不足40m，并且它们被谷内3个更新统横向分水岭分隔成4个汇聚水系和左行右阶的相对洼地。谷地南、北两端的汇聚水系各自向南、向北顺流，而谷内两汇聚水系集结于凤凰山西缘陡坎下，而后以北西向主河道穿切凤凰山东南段注入岗前河湖之中。

值得注意的是，在凤凰山山岭上出露大片上白垩统山麓相红层，长约4km，宽约3km，其西缘为第四纪纵谷。显然，此处山麓相红层在其西侧找不到相应剥蚀正地形。它暗示这一南北向纵谷为断层谷，其形成时代可能为古近纪至更新世时期。它导致原为一体的太阳山山岭和凤凰山山岭的分离。由于太阳山山岭和凤凰山山岭反向翘起，故推断纵谷断裂具枢纽运动特征。若将纵谷断裂向北按线性影像特征延伸到澧水南岸，则恰好构成阮山和大旗山山岭的东侧约束边界。那么根据其雁行山岭的排列特征及其卷入的晚白垩世红层，可以推断，纵谷断裂的北延是很有可能的，并且古近纪末期喜马拉雅运动Ⅰ幕曾发生左旋剪切。

然而，太阳山山岭和凤凰山山岭之间的北北东向纵谷被3个中更新世河湖相地层构成的分水岭分隔为4个左行右阶的晚第四纪汇水洼地，这表明：中更新世末期以来，纵谷断裂总体呈现右旋剪张运动特征，在纵谷断裂南端段肖伍铺东侧可见古近系紫红色含砾粉砂岩、泥岩，由北东向南西逆冲于中更新统砾石层之上，断层产状330°/NE∠40°（国家地震局地质研究所，1990）。这符合纵谷断裂东盘分支构造的运动属性。故综合判定太阳山纵谷断裂为晚更新世活动断裂。

此外，在凤凰山山岭之上，见有两条平行发育的北北东向断层——杨陂冲断层和仙峰峪断层。两条断层均长约12km，切割板溪群和上白垩统。在武岗寨公路边，发现仙峰峪断层露头，产状110°∠80°。此外，断层切割板溪群紫灰色砂岩，破碎带宽约20m，灰绿色糜棱岩带宽约5m，并且在其延伸线上沟谷呈现负地形。此外，在构造岩中见北北东向破裂，其上的镜面及擦痕表明断层东盘向北东斜向下滑，水平夹角45°。显然这一露头揭示了仙峰峪断层曾具有左旋剪压平移-倾滑特征，两断层均未错切上覆中更新统网纹红土，其断层泥TL法年龄值大于1Ma，综合判定其新近纪末曾有活动。

3）太阳山西麓断裂（Ft-3）

在太阳山山岭西麓，寒武系逆冲于震旦系之上。断层走向北北东，倾向西。沿断层走向发育北北东向线性冲沟，长达19km。在其附近的大溪冲沟口寒武系灰岩中，发育一北东向逆断层，产状135°∠62°，黑色断层泥和片状构造以及细化碎裂岩厚约50cm。该断裂未切割上覆上更新统灰黄色黏土层，综合判定其中更新世曾有活动。

4）临澧-河洑断裂（Ft-4）

临澧-河洑断裂走向近南北，长约70km，成生于燕山期，是太阳山断凸块体的西侧主干构造。它使古生界支离破碎，构成临澧-河洑第四纪沉积槽内的残丘。全新世河谷走向南北,发育于中更新统古宽谷中。钻孔显示,该断裂沿线为早第四纪埋藏谷,岗市至临澧一线新近系至第四系最大厚度约200m。该断裂的卫片影像特征十分清楚。晚更新世以来形成的渐水支流具右旋扭动形态。在河洑至灌溪一线,造成明显的线性坎状地貌,西侧为相对高度60~70m的砾石组成的Ⅴ级阶地,而东侧为平缓的Ⅰ级阶地。在灌溪,钻探曾揭露出该断裂破碎带。该断裂控制了两侧中更新统沉积,西侧中更新统厚达60m以上,而东侧均厚20m左右,这暗示中更新世断层差异运动是相对东升西降;而中更新世末期以来,该断层南段反向运动,为西升东降。据钻探和浅层地震探测揭示,中更新统底界在断裂两侧落差达40m,西高东低。地质地貌分析表明,在断裂通过部位,Ⅰ、Ⅱ级阶地面未遭到明显扰动,表明自晚更新世以来,断裂的活动性不甚明显,判定其中更新世末曾有明显活动。

3. 地震活动及成因

常德地震事件在江汉-洞庭盆地内形成北东向强震条带,约有10次 $M\ 4\frac{3}{4} \sim 6\frac{3}{4}$ 级的中强震,与稍晚形成的黄冈-霍山中强震条带呈右行右阶展布。后者最大地震为1652年霍山6级地震。20世纪70年代开展地震区划工作时,曾将这一地域地震活动定名为麻城-常德地震统计区。显然明末清初的17世纪,江汉—洞庭—鄂东地带曾形成过上地幔控制的长波长地壳应变-释放带,是受北东—北北东向构造系统支配的地壳地震破裂事件。而太阳山断凸构造系统为常德1631年 $6\frac{3}{4}$ 级地震事件的控震构造,其纵谷断裂很可能为孕震破裂构造。

二、1917年安徽霍山 $6\frac{1}{4}$ 级地震

1. 震害简况

1917年1月24日安徽霍山发生 $6\frac{1}{4}$ 级地震。据记载,地震时,声如雷鸣,屋瓦揭飞,墙壁倾颓,山石崩坠,死伤数十人。此后,霍山附近日必数震,但不甚烈,有时仅闻山鸣……据调查,极震区内,陈旧房屋大多数破坏,许多倾倒。烂泥坳一带几道石桥震塌,太子庙拱桥损坏,附近山脊裂开,宽约数米。黑石渡、落儿岭、鹿旺石铺、烂泥坳一带道路和稻场出现地裂缝,河边沙滩地裂缝喷砂冒水。

据分析,在极震区(Ⅷ度)长轴方向上,土地岭、烂泥坳、落儿岭一线,震害较重,宏观震中位于落儿岭附近(图4-2-2)。

2. 大地构造

霍山地震区所在的晚古生代秦岭缝合带大别古岛弧的前陆断裂带,在华北沉降区现代大震活动的影响下,可能成为其大震区最南缘的滑动构造带,具有频度较高的中强地震水平。北淮阳断裂带属前陆断裂带组成部分,其南缘有两条重要构造(桐柏-磨子潭断裂,金寨断裂)是大别断块向北翘起上升的边界控制构造,地貌反差显著。中生代以来,上述两条断裂所处地带的变质混杂岩体和元古宙结晶岩系被肢解,出现一系列侏罗纪火山碎屑建造的盆地和白垩纪—古近纪盆地。显然,其边界地带上地壳介质是不均匀的。航磁资料表明,商

第四章　湖北省及邻区中强地震震例解析

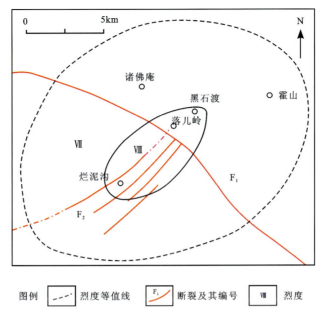

F_1. 桐柏-磨子潭断裂；F_2. 土地岭-落儿岭断裂。

图 4-2-2　1917 年安徽霍山 6¼ 级地震的震中构造及等震线图

城、金寨、霍山、舒城一线存在负异常，而尤以霍山地区最低，达 −500nT。这至少是该边界介质破碎的佐证。此外，大别断块区内霍山至英山一带地壳厚度约 42km；霍山、金寨南部莫氏面变化剧烈。

3. 震中区构造分析

野外地质考查表明，震中区发育北东向帚状土地岭-落儿岭断裂组，其展布宽度约 4km，长约 30km，破碎带各宽百余米，曾右行切断基性岩体。土地岭-落儿岭断裂组（F_2）均表现为深切"V"形断层谷，谷中可见离堆山，谷坡多跌水。据宏观震害推断，该帚状构造中的土地岭-落儿岭断裂为发震构造，走向北东（50°），倾向西北，倾角 45°（钻孔产状），震源深度 11km，破裂长度 12km。这一地震亦发生在土地岭-落儿岭断裂与桐柏-磨子潭断裂的会而不交之处。就三维空间而言，桐柏-磨子潭断裂为深断裂，而土地岭-落儿岭断裂为浅切割构造，构成立交结构。因此，桐柏-磨子潭断裂的加速蠕动有可能导致旁侧小断裂累积应变而失稳扩展。此外，土地岭-落儿岭断裂北东端距霍山地堑（J—K—E）西南角约 10km。该地堑总体呈近东西向菱形展布；但西南角延伸较远，指向邻近的落儿岭震中。由此可见，霍山地堑西南角的开口破裂和土地岭-落儿岭断裂北端的失稳扩展也是孕震的重要原因之一。

4. 地震活动分析

1970 年以来，霍山地区小震活动频繁，最大震级 M 4.5 级。地震分布于土地岭-落儿岭断裂组和桐柏-磨子潭断裂上，形成共轭地震条带。显然，这是它们同时活动的结果。然而，从罗田天堂寨至霍山漫水河、落儿岭一线地震强度较高,10次3级以上有感震几乎都分布于此带。值得指出的是,1973年3月11日4.5级地震发生于北东向落儿岭断裂组与北西向桐柏-磨子潭断裂的交会处,大致相当于1917年6¼级地震震中部位。1917年霍山6¼级地震后,霍山曾出现5½级最大余震,1934年曾发生5级中强震,1954年发生六安-合肥5¼级地震,加上20世纪70年代的北东向小震活动,鲜明地体现了北东向地震破裂构造线。这种现象在上一个地震活动周期即已存在。它表明北东向浅切割地震破裂构造线与大别山北麓北西西向深断裂系统(如桐柏-磨子潭断裂、金寨断裂、六安断裂等)形成立交式孕震构造系统。此种孕震形式源于大别断隆活动与其次生横向转换剪切破裂的演化进程。

三、2005年11月26日九江-瑞昌5.7级地震

1. 震害简况

2005年11月26日8时49分,在江西省九江-瑞昌交界处发生5.7级地震,震中地理坐标为N29.72°,E115.71°。当日12时55分又发生4.8级最大余震,震中地理坐标为N29.71°,E115.72°。余震序列丰富,这两次地震震源深度约15km。宏观震中大致位于赛湖农场。

据宏观烈度考察结果(图4-2-3),本次地震极震区烈度为Ⅶ度,长轴长31km,走向北东东,短轴长20km,面积约510km^2。影响区域主要包括九江县的城门乡、新合乡、新塘乡、港口镇乡、狮子镇,瑞昌市市区以及瑞昌市航海仪器厂以东地区,还包括长江北岸的湖北黄梅小池镇少部分地区。Ⅵ度区与Ⅶ度区长轴走向基本一致,长轴长约67km,走向北东,短轴长44km,面积2418km^2。影响区域包括九江县、九江市周岭以西地区、瑞昌市花园以东地区、黄梅县坝口—陈杨武一带以南地区,以及武穴市、阳新县、德安县部分地区。

2. 大地构造背景

这次地震位于扬子准地台次级构造单元中、下扬子台褶带北缘,其北即为秦岭-大别褶皱系桐柏-大别断隆。该震区具有多个次级构造单元交会的特征,即九岭-幕阜隆起、鄱阳湖坳陷、九华山隆起、东大别断块隆起和北东向长江断陷。北北东向条状庐山微断块处于各单元会聚中心部位,突兀于鄱阳湖坳陷西北隅或者耸立于九岭-幕阜隆起地块北东端。汉阳峰海拔1474m,具有强烈上升的微断块活动特征。与此相应,多条区域性大(深)断裂带在此交会,即北西向襄樊-广济断裂带、北北东向郯庐断裂带、北北东向九江-德安断裂和湖口-星子断裂带。显然,该震区具有复杂的构造会聚环境。

在深部重力异常方面,震区大体位于零等值线附近,其周邻分别为桐柏-大别重力低[$(0\sim-40)\times10^{-5}$m/s^2]、幕阜-九岭重力低[$(0\sim-30)\times10^{-5}$m/s^2]、九华山重力低[$(0\sim-20)\times10^{-5}$m/s^2]和鄱阳湖重力高[$(0\sim5)\times10^{-5}$m/s^2]。因此,震区具有上地幔隆起的特征。航磁化极延拓20km的异常显示,震区存在近东西向展布的中波长正磁异常体(50~80nT),判定为深部闪长花岗岩体,并与地表侵入志留系—三叠系中的燕山早期花岗闪长斑岩相关联。震中区地壳厚度33~34km,主要地震事件大致位于中、上地壳的界面附近。

第四章　湖北省及邻区中强地震震例解析

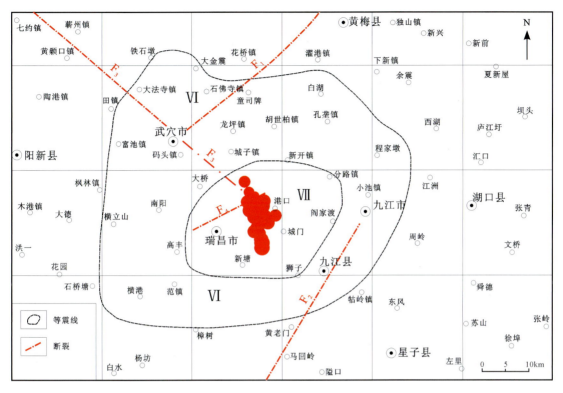

F_1.郯庐断裂南端段；F_2.九江-德安断裂；F_3.襄樊-广济断裂带南东段；F_4.瑞昌断裂北段丁家山断裂；F_5.洋鸡山-通江岭断裂；Ⅶ、Ⅵ.地震烈度值。

图 4-2-3　九江-瑞昌 5.7 级地震烈度分布图（据湖北省地震局、江西省地震局，2007）

3.震中区构造

震中区位于北东向瑞昌盆地东北端。该盆地为向北东开口，朝南西收敛的楔形浅盆。盆地长轴延伸约32km，最宽处约7km，由两个左行右阶狭长盆地组成，于古近纪开始发育，第四纪宽坦槽形盆地河谷地貌与东、西两侧丘陵岗地组合地貌，构成鲜明的差异构造特征。盆地北端开口部位河湖地貌面缓缓向北倾斜，并与黄梅南长江两岸沉降堆积区融为一体。

震中区志留系—三叠系印支—燕山期褶皱走向北东东-近东西，为台缘褶皱带，因此瑞昌盆地边缘北东向断裂具有斜切褶皱走向并追踪发育的特征，故而具有断续展布的形态。地貌上表现为一北东向控盆主边界断裂——瑞昌断裂北段丁家山断裂。该断裂全长约20km，走向北东，总体倾向南东，倾角大于50°，正断性质。丁家山断裂控制了瑞昌古近纪盆地和盆地内古近纪红层的分布，以及喜马拉雅期基性玄武岩的喷发。进入第四纪以来，该断裂仍显示了一定的活动性，如最新活动痕迹揭露于燕山晚期花岗闪长斑岩中，断裂面新鲜，对第四纪早中期地层的分布有控制作用，以及 ESR 法测年数据最新年龄值为 $(310\sim378)$ka。

4. 地震活动分析

2005年11月26日九江-瑞昌5.7级地震属主震、余震序列，没有明显的前震。截至2005年12月25日，共记录到0.1级以上的地震10 514次，其中0.05～1.1级425次，1.2～2.2级63次，2.3～3.3级9次，3.4～5.7级3次。余震序列呈现快速波动衰减特征。

九江-瑞昌地震余震震中分布主要集中于北北西向（340°）条带内，主震震中处密集，长度约28km。尽管如此，依据综合等震线长轴长31km，方位北东，5.7级主震破裂面推测为北东走向。

依据震源机制解，2005年11月26日5.7级地震和4.8级地震以及1995年4月18日4.5级地震均由正倾走滑破裂作用引起，只不过在北西向主压应力（仰角较大）和南东向主张应力（仰角较小）作用下，北北西向破裂节面为左旋，北东向破裂节面为右旋。

第五章 结 语

本书在收集整理湖北省及邻区区域地质调查资料、城市活断层资料、石油与煤炭部门的地球物理勘探等资料的基础上,对湖北省大地构造、新构造进行了划分,按走向对省内主要断裂进行了整理,对60余条主要断裂(带)的活动时代和特征进行了修订和补充,对湖北省地震构造特征进行了归纳总结。

(1)湖北省地跨秦岭褶皱系与扬子准地台两大构造单元。以青峰-襄樊-广济断裂带为界,断裂带北侧为秦岭褶皱系,南侧为扬子准地台。秦岭褶皱系为中央造山带的组成部分,属于强烈变形构造单元,带内发育活动断裂,控制着破坏性地震的发生。扬子准地台属于准稳定大地构造单元,但也有零星破坏性地震沿断裂分布。

(2)湖北省内主要断裂有60余条,以北东向、北西向为主。新构造期以来,这些断裂的活动强度与地震活动的相关性不尽相同,差异明显。北东向和北西向两组断裂是省内主要破坏性地震的发震构造,近东西向断裂偶有破坏性地震发生。各断裂在新构造期的活动大多表现为正断性质,两盘垂向错动较大,水平错距不明显,不同区域断裂活动强度不同。

湖北省内主要断裂的最新活动时代多为第四纪早、中更新世,如襄樊-广济断裂带、麻城-团风断裂、胡集-沙洋断裂、南漳-荆门断裂等。晚更新世以后仍存在活动的断裂主要有竹溪断裂、安康-房县断裂、青峰断裂、霍山-罗田断裂、黔江断裂和金家棚断裂。

(3)湖北省有地震记载以来共发生过 $M \geqslant 4.7$ 地震41次,其中 $4.7 \leqslant M \leqslant 4.9$ 地震17次,$5.0 \leqslant M \leqslant 5.9$ 地震21次,$6.0 \leqslant M \leqslant 6.9$ 地震3次。省内最大地震为公元788年的房县 $6\frac{1}{2}$ 级地震,其次是1856年的咸丰 $6\frac{1}{4}$ 级地震以及1932年麻城的6级地震。自2000年以来,最大地震为2013年12月16日巴东5.1级地震,最近一次破坏性地震是2019年12月26日应城4.9级地震。

(4)近年发生的地震,如2006年随州三里岗4.7级地震,与襄樊-广济断裂带密切相关;2013年巴东5.1级地震,与周家山断裂密切相关;2019年应城4.9级地震,与皂市断裂密切相关。这些断裂均为早中更新世断裂。

主要参考文献

蔡永建,雷东宁,曾佐勋,等,2015.鄂中胡集-沙洋断裂活动性及钟祥地震发震构造[J].地球科学(中国地质大学学报),40(10):1607-1615.

蔡永建,雷东宁,乔岳强,等,2017.鄂西北房县盆地的形成与演化[J].大地测量与地球动力学,37(2):111-115.

蔡永建,雷东宁,李恒,等,2011.恩施断裂中段第四纪活动特征与位移速率[J].大地测量与地球动力学,31(1):39-43.

陈立德,邵长生,王岑,2014.武汉阳逻王母山断层及地震楔构造研究[J].地质学报,88(8):1453-1460.

董瑞树,周庆,陈晓利,等,2009.1631年湖南省常德地震的再考证[J].地震地质(1):162-173.

方仲景,丁梦林,向宏发,等,1986.郯庐断裂带的基本特征[J].科学通报(1):52-52.

甘家思,1981.湖北麻城1932年6级地震的孕震构造模式[J].西北地震学报(4):43-48.

甘家思,申重阳,姚运生,2000.襄樊-广济断裂带武汉段和黄州段第四纪活动的初步研究[C]//中国地震学会第八次学术大会.

甘家思,刘锁旺,1996.黄陵地块内部北西向雾渡河断裂的再研究[J].大地测量与地球动力学,16(1):72-78.

甘家思,刘锁旺,1995.宜昌附近第四纪断层研究的新进展[J].地壳形变与地震(4):15.

国家地震局全国地震烈度区划编图组汇编,1979.中国地震等烈度线图集[M].北京:地震出版社.

国家地震局震害防御司,1995.中国历史强震目录[M].北京:地震出版社.

高战武,陈国星,周本刚,等,2014.新地震区划图地震构造区划分的原则和方法:以中国东部中强地震活动区为例[J].震灾防御技术,9(1):1-11.

韩竹军,鄢伦,徐杰,等,2020.稳定大陆地震构造:以长江中下游地区为例[M].北京:科学出版社.

何超枫,陈州丰,齐信,等,2016.麻城-团风断裂带土氡特征及活动性研究[J].大地测量与地球动力学,36(6):504-507,512.

湖北省地质矿产局,1990.湖北省区域地质志[M].北京:地质出版社.

胡聿贤,1999.地震安全性评价技术教程[M].北京:地震出版社.

黄纬琼,李文香,曹学锋,1994.中国大陆地震资料完整性研究之一:以华北地区为例[J].地震学报,16(3):8.

黄玮琼,李文香,1994.中国大陆地震资料完整性研究之二:分区地震资料基本完整的起始年[J].地震学报,16(4):10.

黄旭东,张煜,2019.对团麻断裂地球物理特征的新研究[C]//2019年中国地球科学联合学术年会.

雷东宁,乔岳强,胡庆,等,2017.鄂西北房县盆地断裂构造与新构造运动特征[J].大地测量与地球动力学,37(2):116-121.

雷东宁,乔岳强,胡庆,等,2019.丹江断裂东段第四纪活动性及地震地质涵义[J].吉林大学学报(地球科学版),49(5):1362-1375.

雷东宁,蔡永建,余松,等,2011.湖北襄樊-广济断裂第四纪活动特征初步探讨[J].地质科技情报,30(6):38-43,54.

雷东宁,蔡永建,郑水明,等,2012.麻城-团风断裂带中段新活动特征及构造变形机制研究[J].大地测量与地球动力学,32(1):21-25.

雷东宁,蔡永建,余松,等,2012.麻城1932年6级地震孕震构造机制探讨[J].国际地震动态(7):20-24.

雷东宁,王斌战,乔岳强,2017.鄂东北商城-麻城-团风断裂中段第四纪活动与新构造变形模式初步探讨[J].资源环境与工程,31(5):526-530.

雷东宁,蔡永建,吴建超,等,2012.青峰断裂带房县段第四纪活动特征分析[J].大地测量与地球动力学,32(4):46-50.

李恒,雷东宁,范珂显,2020.2019-12-26湖北应城M4.9地震强震动特征分析[J].大地测量与地球动力学,40(6):551-554,576.

雷东宁,陈俊华,张丽芬,等,2014.湖北巴东M_s5.1地震构造背景分析[J].大地测量与地球动力学,34(3):6-9.

雷东宁,蔡永建,乔岳强,等,2012.白河-谷城断裂带中段构造变形特征与第四纪活动性[J].大地测量与地球动力学,32(5):41-47.

刘志,2012.基于分形理论的竹山-竹溪断裂活动性研究[D].北京:中国地震局地震研究所.

李安然,韩晓光,1984.麻城-团风断裂带现代构造应力环境的讨论[J].地壳形变与地震(2):192-199.

鲁小飞,谭凯,李琦,等,2020.湖北地区现今GPS形变特征研究[J].大地测量与地球动力学,40(9):898-901.

乔岳强,雷东宁,王杰,等,2017.两郧断裂郧阳盆地段几何特征与活动性研究[J].大地测量与地球动力学,37(2):122-126.

汪素云,俞言祥,高阿甲,等,2000.中国分区地震动衰减关系的确定[J].中国地震,16(2):8.

王清云,李安然,申重阳,1992.1932年麻城6.0级强震的蕴育环境条件探讨[J].地壳形变与地震(4):78-84.

吴海波,陈俊华,王杰,2021.2019-12-26湖北应城M_s4.9地震序列及发震构造讨论[J].大地测量与地球动力学,41(4):419-424.

姚运生,罗登贵,刘锁旺,等,2000.江汉洞庭盆地及邻区晚中生—新生代以来的构造变形[J].大地构造与成矿学,24(2):6.

熊盛青,杨海,丁燕云,等,2018.中国航磁大地构造单元划分[J].中国地质,45(4):658-680.

熊盛青,范正国,张洪瑞,2015.中国陆域航磁系列图及说明书(1:250万)[M].北京:地质出版社.

周本刚,陈国星,高战武,等,2013.新地震区划图潜在震源区划分的主要技术特色[J].震灾防御技术,8(2):113-124.

中国地震局震害防御司,1999.中国近代地震目录[M].北京:中国科学技术出版社.

中国地震局地球物理研究所,2003.中国地震年报:1991—2003[M].北京:地震出版社.

中国地震台网中心,2020.中国地震台网观测报告:2004—2020[M].北京:地震出版社.

内部参考资料

湖北省地震局,1996.湖北省地震目录及地震台网观测报告(1959—1995)[R].

武汉地震工程研究院,中国地震局地质研究所,2008.大唐国际湖北钟祥核电初可研阶段工程场地地震安全性评价报告[R].

武汉地震工程研究院,2009.谷城—竹溪高速公路主控工程场地地震安全性评价报告[R].

武汉地震工程研究院,2011.十堰市武当山机场工程场地地震安全性评价报告[R].

武汉地震工程研究院,2011.华润电力宜昌猇亭2×350MW热电联产项目工程场地地震安全性评价报告[R].

武汉地震工程研究院,2013.鄂州至咸宁高速公路主控工程场地地震安全性评价报告[R].

武汉地震工程研究院有限公司,湖南省防震减灾工程研究中心,2014.湖南华电平江电厂新建工程场地地震安全性评价报告[R].

武汉地震工程研究院有限公司,2017.新建铁路黄冈至黄梅铁路工程场地地震安全性评价报告[R].

武汉地震工程研究院有限公司,2021.汉江九桥工程场地地震安全性评价报告[R].

武汉地震工程研究院有限公司,2021.曾都经济开发区园区区域性地震安全性评价报告[R].

武汉地震工程研究院有限公司,2021.湖北省平坦原抽水蓄能电站工程场地地震安全性评价报告[R].

武汉地震工程研究院有限公司,2022.川气东送一线利川城区迁改工程场地地震安全性评价报告[R].

中国地震局地质研究所,武汉地震工程研究院,2006.湖北大畈核电厂工程场地地震安全性评价报告[R].

中国地震局灾害防御中心,武汉地震工程研究院,2008.浠水核电厂厂址地震地质专题报告[R].

中国地震局地质研究所,武汉地震工程研究院,2010.湖北松滋核电项目初步可行性研究阶段地震地质调查与评估报告[R].